Jorge Poveda Arias

De "bichos", plantas y vacunas

Jorge Poveda Arias

De "bichos", plantas y vacunas

© Jorge Poveda Arias. 2017

jorgepoveda@usal.es

Primera edición: Diciembre 2017, Salamanca

CreateSpace

Ilustración portada: Darío Rodríguez Prieto

ISBN: 978-1979762489

Depósito legal: S 473-2017

Este libro ha sido realizado para ser distribuido. La intención del autor es que sea utilizado lo más ampliamente posible, que sean adquiridos originales para permitir la realización de otros nuevos y que, de reproducir partes, se haga constar el título y la autoría.

"Para mí, estoy impulsado por dos filosofías principales: saber hoy más sobre el mundo de lo que ya sabía ayer y disminuir el sufrimiento de los demás. Te sorprendería lo mucho que te atrapa."

Neil deGrasse Tyson

(astrofísico y divulgador científico)

Jorge Poveda Arias

A todas aquellas personas que disfrutan
de mi pequeño grano de arena

Jorge Poveda Arias

CONTENIDOS

PRESENTACIÓN	11
Las arañas también disimulan	13
De reinas a sepultureras obligadas	17
¿Y por qué no comer "bichos"?	21
La decisión entre tener sexo o dormir	25
Ser virgen puede significar la muerte	29
¿Cómo hipnotizar a un escarabajo?	33
Raíces fúngicas	37
El Robin Hood de la agricultura: *Trichoderma*	45
Una cooperación muy rentable hormiga-planta	49
Orugas zombis por comer mucha planta	53
Cuando las plantas cazan moscas	57
¿Existen las plantas chupa-savia?	63
La ciencia de los médicos de las plantas	69

Ronchas en el trigo	75
La mujer que salvó los olmos	79
¿Existen los tumores vegetales?	85
La batalla silenciosa de las plantas	91
El "WhatsApp" de las plantas	97
¿Cuántos sentidos tiene una planta?	103
El maíz Bt: un transgénico "español"	109
Arroces salvavidas: la creación del arroz dorado y del púrpura	113
Cultivos con capacidad de autofertilizarse	119
¡Sin inyecciones!, vacunas comestibles	123
Balmis: el médico español que luchó contra la viruela	129
No todos los héroes llevan capa: la lucha contra la polio	135
SOBRE EL AUTOR	143

PRESENTACIÓN

La divulgación científica se define como la acción de poner al alcance de la sociedad en general la labor investigadora que ellos mismos sufragan, con el fin de hacer ver la importancia del conocimiento que esta labor genera para sus vidas.

Este libro se centra en el campo concreto de la divulgación con respecto a las ciencias de la vida, abordando diferentes temas relacionados con los insectos (de ahí el nombre "bichos"), las plantas y la salud. El libro engloba una recopilación de artículos escritos durante el año 2017, en concreto, 25 capítulos (pues durante todo ese año tenía 25 años cumplidos) de muy fácil lectura y comprensión, que despertarán la curiosidad del lector hacia las ciencias de la vida y su investigación, mostrándole numerosas curiosidades que no se esperaba que existieran.

Los primeros cinco capítulos tratan sobre historias relacionadas con los insectos y otros artrópodos, para pasar a otros tres capítulos donde los microorganismos van a interaccionar con insectos y plantas, pero también las plantas van a poder interaccionar con insectos en los siguientes tres capítulos, de forma beneficiosa o perjudicial. Si producen daño para las plantas se engloban dentro de la ciencia que estudia las enfermedades de las plantas, de la cual hablaremos a lo largo de otros cinco capítulos. Pero las plantas también pueden defenderse de estas amenazas e interaccionar con su medio externo, como ocurre en los siguientes tres capítulos. Siguiendo dentro del mundo vegetal, los siguientes cuatro capítulos tratarán sobre interesantes hallazgos logrados dentro del campo de la biotecnología vegetal, terminando con la posibilidad de las "vacunas comestibles" y, así, dándonos pie a terminar el libro con dos emocionantes historias sobre la vacunación contra dos enfermedades mundiales devastadoras: la viruela y la polio.

Las arañas también disimulan

Las hormigas son unos insectos que viven en colonias muy organizadas, tanto para la obtención de recursos como en su defensa. El ataque producido por un ejército de hormigas contra cualquier animal puede resultar fatal para el mismo, ya que muchas muerden con potentes mandíbulas y pican, pudiendo inyectar veneno y un potente químico denominado ácido fórmico, que corroe los tejidos. Por ello, los miembros de un hormiguero se encuentran bajo la protección de un ejército implacable y bien armado.

Por otro lado, la araña saltadora (*Myrmarachne formicaria*) es un arácnido (¡no insecto!) que caza principalmente insectos para alimentarse. Físicamente se parece a una hormiga, ya que su cuerpo es más alargado de lo normal para una araña, sus patas no son excesivamente largas y presenta unos grandes quelíceros (colmillos) que se asemejan a las potentes mandíbulas de las hormigas.

Araña saltadora

Esta araña vive en el interior de los hormigueros, entre las hormigas. Siendo muy importante destacar que si fuese reconocida como un miembro ajeno a la colonia fórmica sería eliminada al momento por todo un ejército. Entonces, ¿por qué arriesga su vida la araña? Vivir dentro del hormiguero le da una seguridad que jamás podría obtener en el exterior. Fuera puede ser fácilmente atacada por avispas, pájaros y otras arañas, que jamás se atreverían a entrar en el hormiguero. Además, durante la noche, la araña caza las hormigas que necesita para sobrevivir, teniendo a su disposición miles y miles de posibles presas indefensas, si no es descubierta.

Pero la estrategia para pasar desapercibida y camuflarse dentro del hormiguero no puede ser simplemente parecerse un poco a una hormiga. No debemos olvidar que los insectos tienen 6 patas y 2 antenas, mientras que las arañas tienen 8 patas y ninguna antena. Es aquí donde la araña ha desarrollado sus amplios dotes como actriz, interpretando a la perfección el papel de hormiga. Cuando se encuentra con hormigas dentro del hormiguero,

Hormigas comiendo miel

la araña levanta sus patas delanteras y las mueve como si fueran las antenas de las hormigas, en busca de las feromonas (olores) con las que se comunican entre ellas. Además, ha aprendido a copiar la forma de caminar de sus caseras, de forma muy inquieta, agitando mucho la cabeza y caminando con movimientos en forma de zig-zag.

Toda una interpretación digna de un Oscar, de la cual la araña obtiene un premio muchísimo mejor, la vida.

Referencias bibliográficas y más información:

Shamble, P. S., Hoy, R. R., Cohen, I., & Beatus, T. (2017, July). Walking like an ant: a quantitative and experimental approach to understanding locomotor mimicry in the jumping spider Myrmarachne formicaria. In *Proc. R. Soc. B* (Vol. 284, No. 1858, p. 20170308). The Royal Society.

* Todas las fotografías han sido extraídas de la plataforma *Wikimedia Commons*.

* Capítulo basado en una publicación original en *AcercaCiencia*.

De reinas a sepultureras obligadas

Las hormigas son unos insectos himenópteros pertenecientes todas ellas a la familia Formicidae. Se les denomina insectos eusociales, pues en ellos se da el nivel más alto de organización social que existe en los animales, caracterizado por una colonia o nido donde pueden encontrarse viviendo varias generaciones simultáneamente, en la cual los adultos cuidan de las crías y se encuentran divididos en diferentes castas. Este nivel de división jerárquica incluye a individuos con capacidad reproductiva denominadas reinas, junto con algunos machos en determinadas épocas del año, e individuos no reproductivos que serían las hormigas obreras, encargadas de los diferentes trabajos dentro y fuera del nido, y las soldado, encargadas de la defensa.

Las colonias de hormigas actúan como "superorganismos", trabajando todas ellas como un solo ente por el bien de la colonia. Esto les ha permitido colonizar prácticamente todos los hábitats terrestres posibles, gracias a la importantísima comunicación constante que existe entre todas ellas, al emitir y percibir una sustancia volátil denominada como feromona. Pero las condiciones en las que viven presentan también una serie de riesgos dentro de los cuales cabe destacar la fácil transmisión de enfermedades microbianas, al estar constantemente en contacto unas con otras en lugares oscuros, húmedos y con una temperatura constante. Para evitarlo, normalmente, las hormigas más viejas se encargan de sacar fuera del hormiguero cualquier hormiga que noten que ha fallecido (proceso denominado necroforesis), gracias a que son capaces de percibir pequeños cambios en la química interna de sus compañeras, además, las más jóvenes se encargan de mantener el nido siempre en buenas condiciones de higiene.

Existe una época del año en que los individuos fértiles del nido salen fuera y se reproducen en el denominado vuelo nupcial, pues son alados. Posteriormente, los machos mueren y las hembras fecundadas buscan un lugar óptimo para formar su hormiguero, donde comenzarán a poner los huevos de los que saldrán sus obreras. Este proceso de formación del nuevo nido puede llevarse a cabo por dos hormigas reinas juntas,

Hormiga alada en periodo reproductivo

denominándose cofundación, formando una colonia alrededor de ambas.

Hormiga reina excavando un agujero

Hay ocasiones en las que una de las reinas cofundadoras está infectada por algún patógeno y muere mientras está formando el nido con su compañera. En esta situación, aún es pronto para que haya hormigas obreras en el nido que saquen el cadáver al exterior, pero representa un peligro muy grande para el futuro de sus hijas y el suyo propio, por lo que la reina superviviente desmiembra en pequeños trozos a su compañera y la entierra, eliminando el foco de infección.

El descubrimiento de este comportamiento fórmico ha sido llevado a cabo por investigadores del Instituto de Ciencia y Tecnología de Austria.

Referencias bibliográficas y más información:

Pull, C. D., & Cremer, S. (2017). Co-founding ant queens prevent disease by performing prophylactic undertaking behaviour. *BMC Evolutionary Biology*, *17*(1), 219.

* Todas las fotografías han sido extraídas de la plataforma *Wikimedia Commons*.

* Capítulo basado en una publicación original en *Blasting News*.

¿Y por qué no comer "bichos"?

Los insectos son un grupo de animales invertebrados pertenecientes a los artrópodos, al igual que los crustáceos (cangrejos, camarones). Estos se dividen, a su vez, en diferentes conjuntos, como el de los escarabajos (coleópteros), el de las moscas y mosquitos (dípteros), el de las avispas, abejas y hormigas (himenópteros), el de las mariposas y polillas (lepidópteros) o el de los saltamontes y grillos (ortópteros).

En los próximos años, la humanidad tendrá que enfrentarse a diversos retos alimentarios para asegurar la supervivencia de una población en constante crecimiento, pues en el año 2050 se calcula que alcanzaremos la cifra de 9 mil millones de personas. Veinte años antes, para el 2030, ya tendríamos que haber conseguido aumentar la disponibilidad de alimentos en un 50%, pero es que en el año en el que alcancemos tal cifra de población necesitaremos un aumento del 70%, algo totalmente inalcanzable e inimaginable a día de hoy.

En este sentido, el artículo 25 de la Declaración Universal de los Derechos Humanos establece que la alimentación es un derecho fundamental para todas las personas, razón por la cual estamos en la obligación de buscar nuevas alternativas que aseguren nuestra correcta alimentación en un futuro no tan lejano. No debemos olvidar que los seres humanos son seguramente los únicos organismos sobre la Tierra con la capacidad potencial de obtener fuentes de alimento de lo más diversas.

En su utilización como ganadería, los insectos presentan una serie de ventajas frente a la convencional que todos conocemos, pues requieren de menos alimento para producir la misma biomasa, tienen mayor fecundidad y ocupan menos espacio.

A nivel nutricional, existen muchas diferencias entre unas especies y otras, por ejemplo, 100 gramos de hormiga tejedora le aportarían a su consumidor unas 100 kilocalorías, mientras que la misma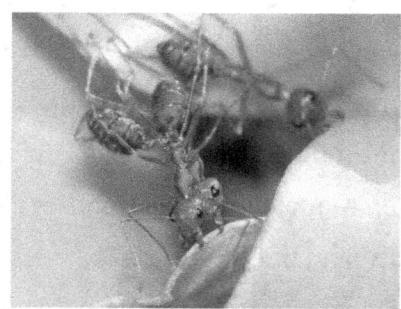

Hormigas tejedoras del género *Oecophylla*

cantidad de larva de gorgojo le proporcionaría más de 500 Kcal. A pesar de ello, puede afirmarse, de forma general, que los insectos aportan más calorías que la ternera o el pescado, facilitando una proteína de muy alta calidad y fácil digestión. En este sentido, su contenido proteico varía del 60 al 90%, presentando cantidades considerables en todos los aminoácidos considerados como esenciales. Por lo que se refiere a las grasas, los porcentajes van del 5 al 65%, prevaleciendo los ácidos grasos insaturados (oleico, linoleico) sobre los saturados (palmítico, esteárico). Por último, destacar su bajo contenido en hidratos de carbono o azúcares, nunca superando el 10%.

La entomofagia se define como la ingesta de insectos y otros artrópodos y, aunque pueda sorprender enormemente en los países occidentalizados, estos "bichos" forman parte de la dieta diaria de aproximadamente 2.000 millones de personas en más de 100 países. Pero esto no ha sido siempre así en Europa, en la antigua Grecia, Aristóteles describía a las cigarras como alimento, indicando en que fases sabían mejor y eran más nutritivas. E incluso en el Antiguo Testamento, se aconseja a comer criaturas con alas que se arrastren sobre cuatro patas y tengan dos o más para saltar, en otras palabras, grillos y saltamontes.

Venta de insectos cocinados, para consumo humano, en mercado de Bangkok (Tailandia)

Queda claro que el consumo de insectos en Europa es algo que llegará tarde o temprano, a la vista de los actuales ritmos de crecimiento poblacional, pero no pensemos en personas metiéndose insectos enteros en la boca, sino en simplemente otras formas de consumo, como pueden ser harinas. Y es que hay algo que no debemos olvidar, consumimos productos fabricados por insectos a diario, como puede ser la miel, e incluso obtenidos directamente de ellos, sin realmente ser conscientes de que lo hacemos. Este es el caso del colorante natural alimenticio rojo E-120, obtenido exclusivamente de cochinillas.

Cochinilla de las chumberas (*Dactylopius coccus*), materia prima del colorante alimenticio E-120

Referencias bibliográficas y más información:

Poveda, J. (2016). Insectos y alimentación / Insects and Foods. Revista Mundo Investigación. 2(1): 166-172.

* Todas las fotografías han sido extraídas de la plataforma *Wikimedia Commons*.

* Capítulo basado en una publicación original en *DiarioE*.

La decisión entre tener sexo o dormir

En muchas especies de animales existe un dilema de conducta a la hora de decidir si dedicar parte de su tiempo a la reproducción o al descanso.

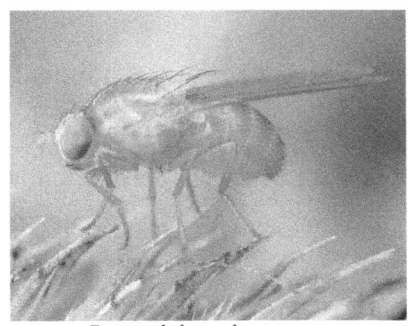
Drosophila melanogaster

Drosophila melanogaster, es un insecto díptero mundialmente conocido como mosca del vinagre, debido a su modo de alimentación a partir de frutas y verduras que hayan comenzado un proceso de descomposición y fermentación de sus azúcares. Es el insecto más utilizado en investigación científica, y en concreto en el campo de la genética, debido a varias características que le hacen el modelo perfecto para la experimentación. Presenta un ciclo de vida completo bastante breve de huevo a adulto (unos 20 días), un número de cromosomas muy reducido, sólo 4 pares, además de que los resultados obtenidos con este modelo son fácilmente extrapolables a animales superiores como el ser humano, pues muchos de sus genes son parecidos.

El mayor avance científico realizado con la mosca del vinagre fue la obtención completa de la secuencia de su genoma en el año 2000, afirmando la presencia de unos 13.600 genes diferentes. En la actualidad, esta mosca se utiliza en numerosos proyectos de investigación genética sobre enfermedades humanas, como el cáncer o diversas enfermedades raras.

Tanto las moscas del vinagre como el resto de animales son incapaces de realizar dos comportamientos simultáneamente y tan diferentes como son la reproducción, con todo lo que conlleva (localización, cortejo, apareamiento…), y el sueño. En este sentido, un grupo de investigación multidisciplinar y multiinstitucional, englobado por científicos de la Universidad de Yale, la Universidad de San Diego, La Universidad del Sureste de China y el Instituto Médico Howard Hughes, han descubierto las conexiones neuronales que explican por qué no pueden realizarse ambas actividades al mismo tiempo y qué diferencias existen entre ambos sexos.

Centrándose en machos fértiles de moscas del vinagre, han observado como la privación de sueño en estos individuos hace desaparecer su interés en el cortejo de las hembras, mientras que las hembras jamás pierden el interés sexual, aunque no hayan dormido nada. Además, los machos que se encontraban en un punto de excitación sexual muy elevado dormían bastante menos que sus compañeros.

Moscas reproduciéndose

En el caso de las hembras, la explicación se basa en que deben estar siempre dispuestas para la reproducción, pues, debido al escaso número de pretendientes, no pueden permitirse perder ni la más mínima posibilidad de fecundación. Por otro lado, la diferencia conductual en los machos, se entiende al plantearse la posibilidad de que la reproducción tenga que interrumpirse por su falta de descanso. Para evitar esto siempre priorizarán el descanso al sexo, pues sin el primero, el segundo jamás será efectivo en la transmisión de sus genes a la siguiente generación.

Junto con todo ello, los mismos investigadores han estudiado las conexiones neuronales implicadas en estos comportamientos, comprobando como son capaces de anularse entre sí. Del mismo modo, plantean la posibilidad de una regulación neuronal similar en humanos, aunque mucho más compleja.

Referencias bibliográficas y más información:

Chen, D., Sitaraman, D., Chen, N., Jin, X., Han, C., Chen, J., ... & Pan, Y. (2017). Genetic and neuronal mechanisms governing the sex-specific interaction between sleep and sexual behaviors in Drosophila. *Nature Communications*, *8*(1), 154.

* Todas las fotografías han sido extraídas de la plataforma *Wikimedia Commons*.

* Capítulo basado en una publicación original en *Blasting News*.

Ser virgen puede significar la muerte...

El hecho a través del cual la progenie de un determinado animal mata y se alimenta del cuerpo de su propia madre se conoce como matrifagia. Este tipo de comportamiento podemos encontrarlo de forma bastante común en arañas aterciopeladas del género *Stegodyphus*, las cuales viven en desiertos donde el número de presas que llevarse a la boca puede escasear durante bastante tiempo. En estas situaciones de falta total de alimento que la madre pueda cazar para dárselo a sus crías lo que hace es arrancarse internamente su propio intestino e ir regurgitándolo poco a poco para alimentar a sus hijas.

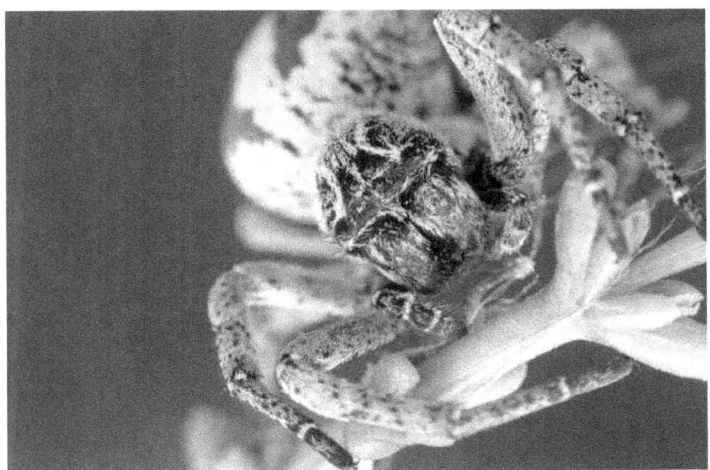

Stegodyphus lineatus

Esta acción es una medida desesperada de la madre para propiciar, sobre cualquier otra cosa, la supervivencia de su progenie, pero es una decisión cuyo final ya no tiene vuelta atrás. Según la araña madre se va destrozando internamente llega a un momento de total debilitamiento, y es en ese justo instante cuando todas sus hijas se abalanzan sobre ella y la devoran por completo, estando aún viva. A partir de ahí, las hijas deben abandonar el nido y buscar el alimento por sí mismas, con el fin de crecer y terminar sirviendo a sus hijas como lo hizo su madre con ellas.

Dentro de este género de arañas existe una especie que presenta unos hábitos de comportamiento muy sociales, ya que viven agrupadas en nidos que ellas mismas tejen y entrecruzan con material vegetal, pero no sólo viven arañas hermanas sino que se agrupan individuos de diferentes orígenes maternos. Esta es la especie denominada como *Stegodyphus dumicola*, cuyas hembras cuidan a todas las crías del nido, sean sus madres o no, e incluso sin ni siquiera haber tenido hijas. La vida de estas arañas dura escasamente un año, por lo que aquellas hembras que no se han reproducido cuando sus hermanas ya lo han hecho, seguramente no lleguen a reproducirse. Por lo tanto, realizan el cuidado de las crías de otras arañas, llegando al extremo necesario para su supervivencia como es dejarse devorar. Ya que no se van a reproducir, por lo menos sirven de alimento para las arañas hijas de otras.

Referencias bibliográficas y más información:

Junghanns, A., Holm, C., Schou, M. F., Sørensen, A. B., Uhl, G., & Bilde, T. (2017). Extreme allomaternal care and unequal task participation by unmated females in a cooperatively breeding spider. *Animal Behaviour, 132*, 101-107.

* Todas las fotografías han sido extraídas de la plataforma *Wikimedia Commons*.

* Capítulo basado en una publicación original en *Blasting News*.

¿Cómo hipnotizar a un escarabajo?

En las amplias zonas naturales de América del Norte puede encontrarse al escarabajo soldado de vara de oro (*Chauliognathus pensylvanicus*), cuya forma de vida es muy particular. Este insecto vive siempre entre las flores de diversas plantas, pues es donde se alimenta de polen y néctar, además del lugar donde machos y hembras se reúnen para reproducirse.

Chauliognathus pensylvanicus

Entre los pétalos y demás estructuras florales aguardan las esporas de un hongo denominado *Eriopsis lampyridarum*, a la espera de poder pegarse al cuerpo de estos escarabajos, perforar su cutícula y comenzar a crecer en su interior, alimentándose de todos sus fluidos internos.

Este hongo no sólo ataca a esta especie de escarabajos soldado, sino a varias otras, debido a la falta de dureza de sus caparazones.

Según el hongo va creciendo por el interior del escarabajo, alcanzará las estructuras neuronales de su hospedador. En ese momento, será capaz de modificar la conducta de estos insectos, obligándoles a que se agarren fuertemente de una flor, únicamente utilizando sus mandíbulas y dejando el resto del cuerpo suspendido en el aire. Entonces el escarabajo quedará totalmente inmovilizado, muriendo a las pocas horas, al haber sido destrozado internamente por el hongo.

Pero el interés del hongo no termina aquí. Con el fin de seguir infectando a otros escarabajos, el hongo crece de tal forma dentro del escarabajo que hincha el abdomen y abre las alas del insecto.

Esta postura es percibida por los escarabajos machos como una hembra receptiva de ser fecundada y provocará la masiva

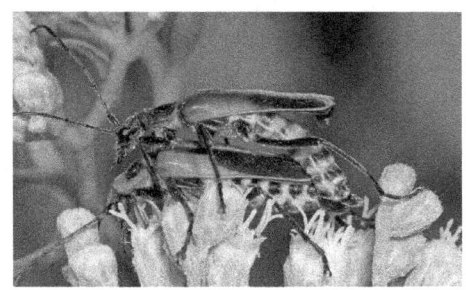
Escarabajos soldado vara de oro reproduciéndose

llegada de machos para reproducirse. En el fallido intento sexual con los cadáveres infectados, nuevas esporas se pegarán a los machos ansiosos por reproducirse, que morirán en pocos días y esparcirán aún más el hongo.

Extraña pero efectiva forma la que tiene este hongo para esparcir sus esporas y perpetuarse entre las poblaciones de estos escarabajos.

El estudio que determina la infectividad y estrategia de este hongo ha sido realizado por la Universidad de Arkansas, gracias a la infección premeditada de 446 escarabajos con el hongo. De esta forma observaron el ritual que estos escarabajos seguían antes de morir y como abrían sus alas entre las 15 y las 22 horas tras haber sido infectados.

Referencias bibliográficas y más información:

Steinkraus, D. C., Hajek, A. E., & Liebherr, J. K. (2017). Zombie soldier beetles: Epizootics in the goldenrod soldier beetle, Chauliognathus pensylvanicus (Coleoptera: Cantharidae) caused by Eryniopsis lampyridarum (Entomophthoromycotina: Entomophthoraceae). *Journal of Invertebrate Pathology*.

* Todas las fotografías han sido extraídas de la plataforma *Wikimedia Commons*.

* Capítulo basado en una publicación original en *Blasting News*.

Raíces fúngicas

Las micorrizas son asociaciones simbióticas (ambos organismos involucrados se benefician) entre diferentes hongos del suelo (del griego *"mikos"*) y las raíces de una gran variedad de plantas (del griego *"rriza"*) (más del 90% del total). El principal beneficio que obtienen el uno del otro es el intercambio de nutrientes, pero hay mucho más.

Estos hongos se clasifican según la forma en que penetran en la raíz y entran en contacto con las células de la planta para el intercambio de nutrientes. De esta forma, nos encontramos con las ectomicorrizas, que no llegan a introducir sus hifas (hilillos que conforman el micelio del hongo, y el hongo en sí mismo) en el interior de las células, destacando dentro de este grupo la trufa negra (*Tuber melanosporum*) por su interés culinario; y, por otro lado, las endomicorrizas, que sí que penetran en las células vegetales. Este último grupo engloba los denominados como hongos arbusculares, con un elevado potencial en su uso como biofertilizantes en agricultura, ya que aumentan enormemente el rendimiento de los cultivos. Además, como curiosidad, dentro de las endomicorrizas también se incluyen hongos sin los cuales las semillas de las orquídeas no podrían germinar ni desarrollarse, debido a unos compuestos que les aporta.

Las micorrizas arbusculares son capaces de interaccionar con el 80% de las plantas terrestres, excluyendo algunos musgos, varios helechos y un 10% de las plantas con semilla. Con las que sí que se relacionan, destacan especies de elevadísimo interés económico y agrícola, como el tomate, la lechuga, el pimiento, la cebolla, la judía o el pepino. La denominación de estos hongos es debida a que cuando la hifa penetra en la célula vegetal comienza a ramificarse, formando un pequeño arbolito gracias al cual ocurre el intercambio nutritivo.

El ciclo de vida de estos hongos comienza con la germinación de sus esporas, cuando hay una humedad determinada. A partir de ellas, va desarrollándose un

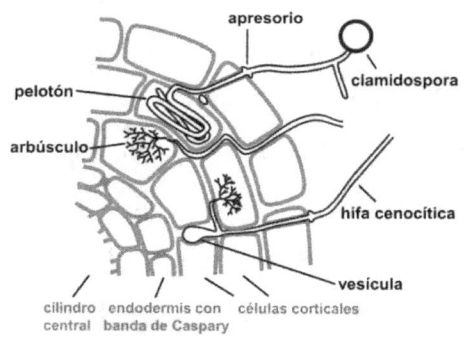

Colonización radicular por parte del hongo micorrícico arbuscular

micelio, o conjunto de hilos muy finos, de forma radial-aleatoria, en busca de una raíz vegetal que colonizar. Una vez percibe la presencia de la planta, se une a la epidermis radicular penetrándola mediante una estructura puntiaguda denominada apresorio. En ese momento, comienza la colonización del interior de las raíces que, según va avanzando, va formando arbúsculos en diferentes células con las que se va encontrando.

Junto con todo este proceso, el hongo continúa desarrollando su micelio, externo a la raíz, y colonizando cada vez más volumen de suelo. Este micelio conforma un nuevo "sistema radicular" mucho más amplio, gracias al cual la planta obtiene agua y nutrientes de lugares antes inaccesibles para ella.

Pero, ¿cómo ocurre realmente este intercambio de elementos entre ambos organismos? Pues bien, una vez se ha formado el arbúsculo fúngico dentro de la célula vegetal, queda entre las membranas celulares de ambos organismos una zona de no-contacto, en la cual ambos secretan los diferentes compuestos que benefician al contrario, para que los absorba. Mediante este mecanismo, y adquiriéndolos gracias al micelio que tiene presente por todo el suelo, el hongo le aporta a la planta nutrientes esenciales para su crecimiento y desarrollo, como fósforo, nitrógeno y potasio, además de otros menos prioritarios como hierro o zinc.

Por su parte, la planta asimila todos estos nutrientes y el agua que también le ayuda a conseguir el hongo, aumentando su actividad fotosintética y, por lo tanto, los azúcares que sintetiza gracias a este proceso. Parte de estos azúcares los transporta hacia las raíces en forma de sacarosa y, ya en las células en contacto con el hongo micorrícico, rompe el disacárido y el hongo absorbe glucosa para su alimento.

Hidrólisis de una molécula de sacarosa en una glucosa y una fructosa

Pero no sólo ocurre un intercambio nutricional entre estos organismos. Junto con todo ello, el hongo es capaz de mejorar la tolerancia de la planta frente a condiciones adversas, como un exceso de salinidad en el suelo o de sequía, favoreciendo el aporte de agua y acumulando en sus propias estructuras los elementos que puedan dañar a la planta, incluyendo también diferentes contaminantes, como metales pesados.

Por otro lado, el hongo micorrícico arbuscular va a ser capaz de mejorar la resistencia de la planta frente al ataque de plagas y patógenos, gracias la pre-activación de los mecanismos defensivos vegetales, a la modificación de la arquitectura de las raíces y/o a la interacción con la enorme diversidad microbiana presente en el suelo.

Por último, cuanto más se investiga en esta relación simbiótica más se conoce su funcionamiento y los beneficios que ambos componentes se aportan. Gracias a ello, a día de hoy podemos plantearnos muchas más posibles aplicaciones de estos hongos y de sus plantas hospedadoras, con un alto valor añadido. Dentro de ellas destaca el papel que podrían jugar en un futuro (si no lo remediamos) estas simbiosis, enfrentándose a un calentamiento global, cuyos efectos negativos pueden ser aminorados para las plantas por parte de los hongos. También pueden utilizarse en la restauración de suelos degradados y/o contaminados, ya que estos hongos pueden degradar y acumular internamente los tóxicos, aislando a la planta de ellos. Y no debemos olvidar aquellos hongos micorrícicos comestibles, con un alto valor culinario, como la trufa negra, la trufa blanca, los boletus o los níscalos.

Boletus edulis

Referencias bibliográficas y más información:

Amjad, A, Di, G, Mahar, A., Ping, W, Feng, S., Ronghua, L., & Zhang, Z. (2017). Mycoremediation of Potentially Toxic Trace Elements-a Biological Tool for Soil Cleanup: A Review. *Pedosphere*, *27*(2), 205-222.

Bora, M., & Lokhandwala, A. (2016). Mycorrhizal Association: A Safeguard for Plant Pathogen. In *Plant, Soil and Microbes* (pp. 253-275). Springer International Publishing.

Ezawa, T., Tani, C., Hijikata, N., & Kikuchi, Y. (2016). Inorganic Polyphosphates in Mycorrhiza. In *Inorganic Polyphosphates in Eukaryotic Cells* (pp. 49-60). Springer International Publishing.

Hakeem, K. R., & Akhtar, M. S. (Eds.). (2016). *Plant, Soil and Microbes: Volume 2: Mechanisms and Molecular Interactions*. Springer.

Hohmann, P., & Messmer, M. M. (2017). Breeding for mycorrhizal symbiosis: focus on disease resistance. *Euphytica*, *213*(5), 113.

Kamel, L., Keller-Pearson, M., Roux, C., & Ané, J. M. (2017). Biology and evolution of arbuscular mycorrhizal symbiosis in the light of genomics. *New Phytologist*, *213*(2), 531-536.

Latef, A. A. H. A., Hashem, A., Rasool, S., Abd_Allah, E. F., Alqarawi, A. A., Egamberdieva, D., ... & Ahmad, P. (2016). Arbuscular mycorrhizal symbiosis and abiotic stress in plants: A review. *Journal of Plant Biology*, *59*(5), 407-426.

López-Ráez, J. A. (2016). How drought and salinity affect arbuscular mycorrhizal symbiosis and strigolactone biosynthesis?. *Planta*, *243*(6), 1375-1385.

Manoharachary, C., & Kunwar, I. K. (2015). Arbuscular Mycorrhizal Fungi: The Nature's Gift for Sustenance of Plant Wealth. In *Plant Biology and Biotechnology* (pp. 217-230). Springer India.

Marmeisse, R., & Girlanda, M. (2016). 10 Mycorrhizal Fungi and the Soil Carbon and Nutrient Cycling. In *Environmental and Microbial Relationships* (pp. 189-203). Springer International Publishing.

Martin, F., Kohler, A., Murat, C., Veneault-Fourrey, C., & Hibbett, D. S. (2016). Unearthing the roots of ectomycorrhizal symbioses. *Nature Reviews Microbiology*, *14*(12), 760-773.

Newsham, K. K., Upson, R., & Read, D. J. (2009). Mycorrhizas and dark septate root endophytes in polar regions. *Fungal Ecology*, *2*(1), 10-20.

Rouphael, Y., Franken, P., Schneider, C., Schwarz, D., Giovannetti, M., Agnolucci, M., ... & Colla, G. (2015). Arbuscular mycorrhizal fungi act as biostimulants in horticultural crops. *Scientia Horticulturae*, *196*, 91-108.

Solaiman, Z. M., & Abbott, L. K. (2014). *Mycorrhizal fungi: use in sustainable agriculture and land restoration* (Vol. 41). A. Varma (Ed.). Heidelberg: Springer.

Wu, Q. S. (Ed.). (2017). *Arbuscular Mycorrhizas and Stress Tolerance of Plants*. Springer.

* Todas las fotografías han sido extraídas de la plataforma *Wikimedia Commons*.

* Capítulo basado en una publicación original en *Naukas*.

El Robin Hood de la agricultura: *Trichoderma*

A la vista de las actuales expectativas de crecimiento poblacional, se hace necesario plantear alternativas que radiquen en una agricultura más productiva y sostenible para el medioambiente. En este sentido, la utilización de formulados de hongos capaces de aumentar y mejorar esta actividad agrícola, podría representar una de las vías en las que confiar.

El término *Trichoderma* engloba a un género de especies de hongos filamentosos de gran interés para su aplicación en agricultura, como agentes de control biológico, debido a numerosos mecanismos de acción. El control biológico se define como la utilización de organismos beneficiosos con el fin de minimizar los daños causados por organismos patógenos de plantas, además de incentivarlas positivamente, mejorando su productividad.

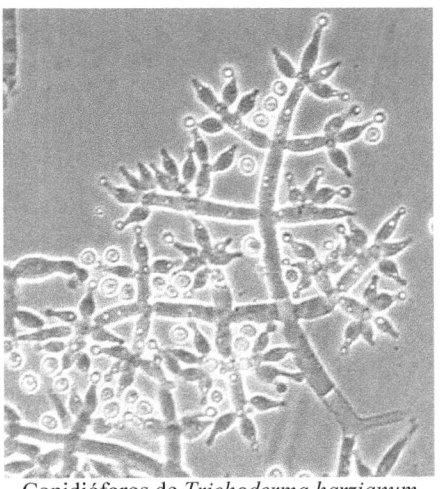

Conidióforos de *Trichoderma harzianum*

La primera forma en la que *Trichoderma* mejoraría la agricultura sería gracias a su capacidad para atacar y alimentarse de otros hongos, los cuales son patógenos de plantas. Es lo que se denomina como micoparasistismo, gracias al cual se enrosca alrededor del enemigo, perforando su pared celular y digiriendo su contenido interno. Además, es capaz de producir y liberar al suelo, donde vive, (pues se encuentra formando relaciones simbióticas con las raíces de las plantas) diferentes compuestos capaces de impedir el crecimiento de estos hongos patógenos, como, por ejemplo, antibióticos.

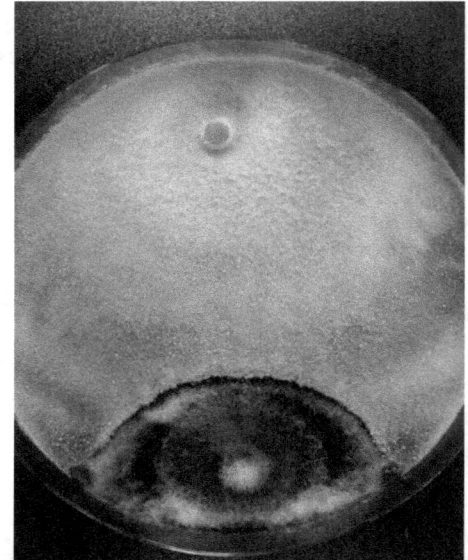

Inhibición del patógeno vegetal *Fusarium oxysporum* (debajo) por *Trichoderma harzianum* (arriba) en placa Petri

Por otro lado, estos hongos beneficiosos van a ser capaces de promover el crecimiento de las raíces de las plantas, resultando en una mayor productividad de los cultivos en el sistema agrícola. También van a actuar como una especie de "vacuna vegetal", al reconocer la planta la presencia en sus raíces de *Trichoderma*, lo cual va a hacer que active sus defensas vegetales frente al futuro posible ataque de patógenos.

Pero no sólo vamos a poder utilizar este hongo de forma directa aplicándolo en nuestros suelos agrícolas, sino que todos estos mecanismos de acción hacen ver que existen gran cantidad de genes en estos hongos que pueden tener un importante interés para su utilización en la creación de plantas transgénicas con características que las hagan más productivas y de mayor calidad.

Además, *Trichoderma* ha sido ampliamente utilizado por diferentes industrias, incluyendo la alimentaria, la farmacéutica, la textil o la ambiental, debido a la capacidad de numerosas especies para producir enzimas celulasas, o incluso eliminar compuestos tóxicos presentes en los suelos y las aguas, como el arsénico o los fluoruros.

Referencias bibliográficas y más información:

Poveda, J. (2017). Hacia una agricultura más sostenible: el uso de hongos del género Trichoderma. *Revista Mundo Investigación*, 2(1), 18-23.

* Primera fotografía extraída de *Wikimedia Commons*, segunda fotografía propia.

* Capítulo basado en una publicación original en *DiarioE*.

Una cooperación muy rentable hormiga-planta

Las interacciones entre plantas y hormigas en las cuales ambos individuos salen beneficiados son muy diversas y curiosas. Por ejemplo, aunque sorprendente, las hormigas también son insectos polinizadores, al igual que las abejas, aunque no exactamente de las mismas plantas, pues deben ser flores que produzcan poco néctar, para no atraer a otros polinizadores más intensivos, y crecen en lugares muy poco visitados por otros insectos, como los desiertos o la alta montaña.

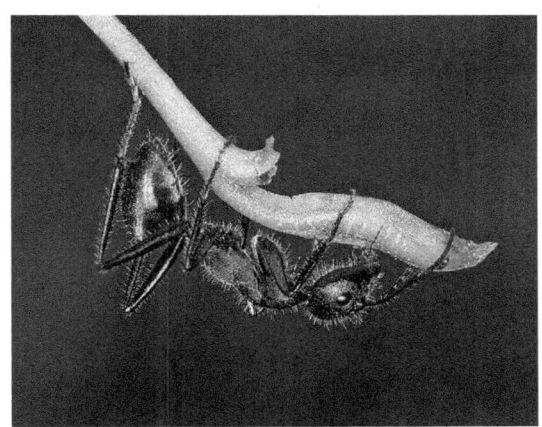
Hormiga sobre acacia

También son muy buenos dispersores de semillas por el terreno, acción denominada mirmecocoria, algo que les permite a las plantas la colonización de nuevos hábitats y la perpetuación de la especie. Generalmente, estas semillas deben ser atractivas para las hormigas, con el fin de que ellas sientan la necesidad de llevarlas al hormiguero. Para ello, las plantas unen sus semillas a una estructura denominada elaiosoma, rica en aceites, que les es muy atractiva tanto sensorial como nutritivamente a las hormigas. En el propio transporte del elaiosoma la semilla puede perderse por el camino hacia el hormiguero, o incluso ser expulsada del hormiguero una vez consumida esta otra estructura.

Hormiga recogiendo elaiosoma en acacia   Hormigas alimentándose de melazas de hemípteros, sobre acacia

Otro caso es el de las plantas mirmecófitas, en cuyo interior son capaces de vivir las hormigas. El ejemplo más característico es el de las acacias, cuyas espinas se deforman tanto que en su interior se asientan los nidos de las hormigas, quienes al recibir de la planta un lugar donde vivir y resguardarse, la protegen de posibles herbívoros que pretendan consumir sus estructuras tiernas.

En este sentido, a todos nos viene a la mente la visión de la típica fila de hormigas subiendo por el tronco de algún árbol, pues bien, esto es debido a diferentes sustancias azucaradas de las plantas secretan para alimentar a las hormigas, pero ¿por qué hacen esto? En su paseo por la planta en busca del dulce néctar las hormigas van encontrando en su camino pequeños insectos que atacan a las plantas, a los cuales atacan y destruyen. Así, la planta obtiene una defensa y premia a sus protectores.

Existen algunas especies de hormigas que viven siempre en las copas de los árboles y jamás bajan al suelo para obtener alimento, como es el caso de las hormigas tejedoras (género *Oecophylla*) en los árboles del café o cafetos (género *Coffea*). Estas hormigas se alimentan cazando todo tipo de pequeños insectos presentes en los árboles, además de la melaza secretada por otros insectos suctores de savia.

Partiendo de esta interacción cafetos-homigas, un grupo de investigación de la Universidad de Aarhus (Dinamarca) ha mantenido una pequeña colonia de estas hormigas sobre unos cafetos totalmente aislados. Para alimentar a las hormigas utilizaron un aminoácido denominado glicina con un átomo de nitrógeno marcado que podían localizar en cualquier sitio. De esta forma, observaron como las plantas de café que no tenían hormigas viviendo sobre ellas crecían menos que sus compañeras, siendo tratadas de la misma manera por los investigadores. Tras realizar un rastreo del nitrógeno marcado descubrieron la causa del mayor crecimiento. Estas hormigas defecan unos excrementos semilíquidos que esparcen por las hojas del cafeto y es la propia hoja la que absorbe por sí misma los nutrientes presentes en estas heces, ricas en aminoácidos y urea. Gracias al nitrógeno marcado pudo identificarse este mecanismo de absorción y utilización de los nutrientes desde la hormiga hasta las propias células vegetales.

Esta suplementación nutritiva llevada a cabo por las hormigas hacia las plantas de café puede representar una ventaja ecológica muy importante, decisiva para las interacciones planta-hormigas.

Referencias bibliográficas y más información:

Pinkalski, C., Jensen, K. M. V., Damgaard, C., & Offenberg, J. (2017). Foliar uptake of nitrogen from ant faecal droplets: An overlooked service to ant-plants. *Journal of Ecology*.

* Todas las fotografías han sido extraídas de la plataforma *Wikimedia Commons*.

* Capítulo basado en una publicación original en *Blasting News*.

Orugas zombis por comer mucha planta

Las larvas de insectos herbívoros necesitan consumir gran cantidad de tejidos vegetales para llegar a alcanzar su máximo crecimiento y acumular energías que les permitan superar el proceso de la metamorfosis a insectos adultos (mariposas, escarabajos, moscas, etc.). Para ello, están continuamente alimentándose de partes de plantas, suponiendo, en algunos casos, enormes problemas para los cultivos agrícolas, y surgiendo las denominadas como plagas.

Por su parte, las plantas pueden defenderse del ataque de estas orugas mediante la síntesis y acumulación en sus tejidos de compuestos químicos, que les hagan menos apetecibles para su consumo, e incluso que sean tóxicos para los herbívoros. Este método defensivo requiere que las plantas reconozcan la presencia del insecto. En ese momento comienza una señalización a lo largo de toda la planta mediada por una hormona vegetal llamada ácido jasmónico. Esta fitohormona provocará la respuesta defensiva química en la planta, además, hará que esta emita a la atmósfera un compuesto volátil, denominado jasmonato de metilo, el cual será percibido por otras plantas vecinas, que quedarán avisadas de la presencia del insecto herbívoro y empezarán a acumular los compuestos químicos para defenderse.

Un ejemplo de estos insectos lo podemos encontrar en el denominado gusano soldado o gardama (*Spodoptera exigua*), cuya oruga se alimenta de las

Larva de *Spodoptera exigua* alimentándose de planta de tabaco silvestre

hojas de gran cantidad de cultivos agrícolas (como remolacha, tomate, patata, judías, lechuga, tabaco, etc.), significando una plaga muy importante a nivel mundial.

En un estudio recientemente publicado en una revista del grupo *Nature* y realizado en la Universidad de Wisconsin, han demostrado como las plantas de tomate (algo extrapolable a otras muchas plantas) son capaces de inducir en orugas gardama un comportamiento de canibalismo entre ellas, cual zombis, aun teniendo tejido vegetal fresco a su disposición. Para ello, lo que hicieron fue estimular a las hojas de tomate para que acumulasen compuestos defensivos como si fueran a enfrentarse a un herbívoro cercano. La metodología seguida fue pulverizando sobre ellas el jasmonato de metilo, imitando la señal que otra planta de tomate les estaría enviando al ser atacada por el insecto. Consecuentemente, las hojas se hacían menos apetecibles para las orugas, y al ver a sus compañeras herbívoras cerca, preferían matarlas y consumirlas antes de proseguir con su vegana dieta.

Fruto, flores y hojas de tomate

Por lo tanto, la planta de tomate no es sólo capaz de reducir el daño que le están haciendo estas orugas, al modificar su composición vegetal, sino que les está incitando a un canibalismo entre ellas, reduciendo, a su vez, el número de herbívoros que pueden atacarla.

Referencias bibliográficas y más información:

Orrock, J., Connolly, B., & Kitchen, A. (2017). Induced defences in plants reduce herbivory by increasing cannibalism. *Nature Ecology & Evolution*, 1.

* Todas las fotografías han sido extraídas de la plataforma *Wikimedia Commons*.

* Capítulo basado en una publicación original en *Naukas*.

Cuando las plantas cazan moscas

La primera descripción exhaustiva de la existencia de diferentes plantas capaces de atrapar insectos fue realizada por Charles Darwin, cuya curiosidad por el tema nació tras observar las hojas de una planta del género *Drosera* llenas de insectos muertos adheridos a su superficie, gracias a ello publicó el libro "Plantas insectívoras". Posteriormente, pudo observarse como este tipo de plantas no sólo atrapaban insectos, sino que también arácnidos, moluscos y otros invertebrados, e incluso pequeños vertebrados como lagartos o murciélagos, razón por la cual se pasó a denominarlas como plantas carnívoras. En la actualidad, se han descrito 583 especies diferentes de estas plantas, dentro de 20 géneros y 12 familias, habiendo surgido evolutivamente a partir de nueve orígenes totalmente diferenciados.

Aunque estas plantas tienen la capacidad de realizar la fotosíntesis de una forma totalmente eficiente y similar a otras muchas plantas, se han asentado evolutivamente en hábitats con déficits en gran cantidad de nutrientes en los suelos, como nitrógeno o fósforo. Esta falta nutritiva les ha obligado a desarrollar diferentes estrategias para conseguir suplir esas deficiencias y sobrevivir, en su caso, suplementando su nutrición con animales. Para ello requieren de tres procesos indispensables y presentes en todas ellas: la atracción de las presas, su captura y su posterior digestión y absorción de nutrientes.

Para la atracción existen muy diversas estrategias desarrolladas por estas plantas, pero basadas siempre en el olor, el color o la presencia de néctares. Por lo que se refiere al olor, la planta carnívora puede simplemente imitar los olores de otras flores que sean polinizadas por insectos, además de sus colores y de acumular néctar, así, el insecto confundirá su flor favorita con una trampa mortal. Incluso pueden imitar los olores de carne en putrefacción que va a atraer a gran cantidad de insectos, muchos de ellos moscas, para alimentarse de esa carne muerta inexistente o intentar poner allí sus huevos, siendo atrapados por la planta.

El siguiente paso se basa en la captura de las presas, y para ello la cantidad de mecanismos desarrollados por estas plantas es enorme, a cada cual más llamativo. Por ejemplo, existen trampas adhesivas, basadas en pequeños pedúnculos capaces de sintetizar y recubrirse por diferentes sustancias viscosas y muy pegajosas que atraerán a los insectos pensando que puede ser néctar, entonces el animal queda totalmente inmovilizado en la superficie pegajosa y es envuelto por la propia hoja de la planta para ser digerido (presentes en plantas del género *Drosera*). También existen las típicas y más conocidas hojas de plantas carnívoras en forma de dos conchas o cepos, denominadas venus atrapamoscas (*Dionaea mascipula*), las cuales se recubren de néctar y presentan unos pelos en forma de resorte, que en cuanto son rozados varias veces por un animal se cierran automáticamente, quedando la presa totalmente atrapada por la "mandíbula".

Drosera rotundifolia

Otra estrategia desarrollada por estas plantas para la captura, se basa en la succión en ambientes acuáticos mediante una estructura denominada utrículo (da nombre a las plantas de este género, *Utricularia*) en forma de pequeño "globo de agua" que cuando siente un pequeño animal cerca se hincha en cuestión de milésimas de segundo, absorbiendo todo el agua cercana junto con la presa, para su digestión.

Pero también existen estrategias pasivas de captura, como las de las plantas de los géneros *Sarracenia*, *Darlingtonia* o *Nepenthes*. Estas plantas han modificado sus hojas para que formen grandes jarras que se llenan del agua de lluvia. Los insectos son atraídos hacia la apertura de las jarras mediante la secreción de néctar, una vez se posen sobre los bordes de estas estructuras resbalarán hacia el fondo de la jarra debido a sustancias que segregan las propias plantas y a unos pelos colocados en esa dirección. Los pequeños animales terminarán muriendo ahogados por agotamiento, y en ese mismo medio acuoso comenzará la digestión de la presa.

Nepenthes harryana

Llegados a este momento, comienza la parte más difícil de todo el proceso, la digestión de animales completos hasta nutrientes absorbibles por los epitelios de la planta. Para ello se han desarrollado tres mecanismos diferentes de digestión, que pueden actuar de forma aislada o simultánea, dependiendo de la planta a la que nos refiramos. Las propias hojas que han atrapado al insecto son capaces de secretar diferentes enzimas digestivas al medio en el que se encuentra la presa, las cuales romperán estructuras fisiológicas, celulares y macromoléculas. También pueden existir simbiosis entre estas plantas y bacterias que sean capaces de descomponer las presas, o incluso relaciones mutualistas con otros insectos que se alimenten de las presas de las plantas y a su vez las plantas adquieran los nutrientes que necesitan de los excrementos de sus insectos "amigos".

La forma en la que las plantas carnívoras han tenido que evolucionar para poder sobrevivir en ambientes muy pobres les ha dado un abanico enorme de estrategias para alimentarse de animales, y no al revés.

Referencias bibliográficas y más información:

Givnish, T. J. (2015). New evidence on the origin of carnivorous plants. *Proceedings of the National Academy of Sciences, 112*(1), 10-11.

Hedrich, R. (2015). Carnivorous plants. *Current Biology, 25*(3), R99-R100.

Lloyd, F. E. (2013). *The carnivorous plants*. Read Books Ltd.

Mithöfer, A. (2017). Plant carnivory: Pitching to the same target. *Nature Plants, 3*, 17003.

* Todas las fotografías han sido extraídas de la plataforma *Wikimedia Commons*.

* Capítulo basado en una publicación original en *Naukas*.

¿Existen las plantas chupa-savia?

La fotosíntesis es un proceso que ocurre en las plantas (además de en algas y diferentes bacterias), gracias al cual son capaces de sintetizar hidratos de carbono con los que crecer y desarrollarse, utilizando como materias primas agua, dióxido de carbono y energía lumínica del sol. Todo ello gracias a un pigmento presente en sus células, denominado clorofila, que les da su color verde característico.

Pero existen plantas que han perdido evolutivamente la capacidad para realizar la fotosíntesis, al no tener clorofila, y, por lo tanto, no pueden sobrevivir por sí mismas. Entonces ¿cómo son capaces de crecer, desarrollarse y seguir formando semillas, año tras año, estas plantas? Me refiero a las denominadas como plantas parásitas, no de humanos, sino de otras plantas.

Estas plantas deben crecer muy cerca de otras con capacidad para realizar la fotosíntesis y autoabastecerse por sí mismas. La semilla de la planta parásita reconocerá la presencia cercana de un posible hospedador y comenzará a crecer sus "raíces" en esa dirección. Una vez entre en contacto con la otra planta, desarrollará una especie de agujas (denominadas haustorios) que penetrarán su tallo o sus raíces hasta los haces vasculares (lo que serían nuestras venas) que transportan la savia elaborada con los productos sintetizados en la fotosíntesis (conducto denominado floema). Estas serían las denominadas como plantas holoparásitas, mientras que si los haustorios penetran los haces vasculares que llevan el agua y los nutrientes que la planta está cogiendo del suelo para llevarlos a las hojas y hacer la fotosíntesis, serían plantas hemiparásitas, pues sólo le están quitando a la planta agua y minerales, teniendo que realizar ellas mismas la fotosíntesis, al no haber perdido toda su clorofila.

Como planta hemiparásita, la más conocida es el muérdago (*Viscum album*). Aparte de la fama que tiene por las películas americanas, en las que los enamorados se besan en navidad bajo los tallos de esta planta, representa en algunos lugares del mundo una plaga muy importante para árboles como los pinos. Sus tallos crecen desde el propio tronco del árbol al que están parasitando, con un aspecto como de planta artificial de plástico. Sus frutos son pequeñas bayas viscosas muy consumidas por diferentes pájaros que, cuando las han digerido y quieren defecarlas se les queda la semilla pegada en el ano y deben restregarse contra el tronco de un árbol para deshacerse de ella. Es en ese momento en el que las semillas de esta planta son diseminadas por el bosque, parasitando otros árboles.

Muérdago *(Viscum album)* parasitando pino   *Orobanche haenseleri*

Por otro lado, como planta holoparásita, tenemos el jopo u orobanche (*Orobanche* sp.), que parasita las raíces de una amplia gama de cultivos, sobresaliendo a la superficie unas plantas de hasta medio metro de altura y forma similar de la antorcha de la estatua de la libertad, destacando, además, sus flores en forma de lengua de dragón y su color amarillento, al carecer totalmente de clorofila.

Por último, una planta muy curiosa dentro de las holoparásitas la podemos encontrar en la cuscuta (*Cuscuta* sp.), que introduce sus haustorios en los tallos de varias plantas, creciendo por todas ellas y por sus vecinas, extendiéndose en forma de un enorme ovillo de pequeñas cuerdas de colores amarillos-rojizos, entre las cuales puede transmitir diferentes enfermedades al representar un conducto de unión entre los haces vasculares de sus hospedadores.

Cuscuta parasitando planta en el desierto

Como veis, no sólo existen parásitos de animales, como la tenia solitaria (*Taenia solium*) o los protistas de la malaria (*Plasmodium* sp.), sino que entre las propias plantas existen individuos capaces de parasitar a sus vecinas y aprovecharse de su actividad fotosintética, pues sino, no sobrevivirían por sí mismas. Pero estas plantas no sólo representan una plaga muy importante en diferentes lugares, sino que también son utilizadas, algunas de ellas, para la obtención de flores ornamentales e, incluso, para el consumo humano.

Referencias bibliográficas y más información:

Kaiser, B., Vogg, G., Fürst, U. B., & Albert, M. (2015). Parasitic plants of the genus Cuscuta and their interaction with susceptible and resistant host plants. *Frontiers in plant science*, 6.

Lumba, S., Subha, A., & McCourt, P. (2017). Found in Translation: Applying Lessons from Model Systems to Strigolactone Signaling in Parasitic Plants. *Trends in Biochemical Sciences*.

Ntoukakis, V., & Gimenez-Ibanez, S. (2016). Parasitic plants—A CuRe for what ails thee. *Science*, *353*(6298), 442-443.

Pignone, D., & Hammer, K. (2016). Parasitic angiosperms as cultivated plants?. *Genetic resources and crop evolution*, *63*(7), 1273-1284.

Yoshida, S., Cui, S., Ichihashi, Y., & Shirasu, K. (2016). The haustorium, a specialized invasive organ in parasitic plants. *Annual review of plant biology*, *67*, 643-667.

* Todas las fotografías han sido extraídas de la plataforma *Wikimedia Commons*.

* Capítulo basado en una publicación original en *Naukas*.

La ciencia de los "médicos" de las plantas

Desde épocas muy remotas el hombre ha tenido consciencia de las enfermedades que afectan a las plantas, pero siempre ha relacionado su origen con fuerzas sobrenaturales que daban como respuesta las supersticiones y las creencias religiosas. Referencias escritas a estas enfermedades sobre los cultivos podemos encontrarlas en libros tan antiguos como los Vedas (2000-1000 A.C.), el Antiguo Testamento o los escritos del filósofo griego Teofrasto.

Calendario romano donde se decirben las robigalias

Para los romanos, Robigo era el dios de los cereales y en su honor se celebraban las Robigalias, festividades de sacrificio de animales jóvenes con el fin de apaciguar su furia y que no cubriera los cultivos de trigo con las royas. Esta enfermedad es causada por el hongo *Pucchinia graminis* y se caracteriza por cubrir las hojas y tallos de los cereales con unas pústulas de colores anaranjados, disminuyendo enormemente la productividad del cultivo e incluso llegando a matar a las plantas.

En este sentido, la fitopatología se define como la ciencia que estudia las enfermedades de las plantas, desde su diagnóstico hasta su control. Debido a estos desórdenes vegetales, se calcula que se pierden anualmente un 10% de la producción total de los cultivos, resaltando la importancia que la sanidad vegetal tiene para la sostenibilidad alimentaria de la población.

Esta ciencia comienza a desarrollarse a principios del siglo XIX y consiguió numerosos hallazgos durante estos primeros años, como determinar que numerosas enfermedades de los cultivos eran producidas por microorganismos como hongos, bacterias y virus, es más, corresponde a los fitopatólogos la identificación del primer virus conocido, el TMV o virus del mosaico del tabaco, que produce en las hojas de la planta unas manchas muy particulares, de ahí su nombre.

Un caso muy interesante del papel que las enfermedades de los cultivos pueden llegar a tener en la historia de la humanidad lo podemos encontrar en la denominada como Gran Hambruna Irlandesa o Hambruna Irlandesa de la Patata, que disminuyó la población de la isla de 8,2 millones de personas en 1841 a 6,5 en 1851. Para entenderla debemos centrarnos en primer lugar en la situación económica y social de Irlanda en el siglo XIX, tras la ocupación de Cronwell. A partir de ese momento, los propietarios de las tierras eran los aristócratas ingleses y se las prestaban a los campesinos irlandeses con el fin de que cultivasen trigo en ellas, cuya producción total se quedaban los propietarios, y en un pequeño trozo de terreno pudieran realizar un cultivo de subsistencia para su familia, basado en hortalizas. En estos pequeños huertos la patata era el principal protagonista, ya que aguantaba bastante bien las bajas temperaturas, era fácil de almacenar y aportaba muchas calorías a su consumidor.

En 1845 apareció en los campos irlandeses una enfermedad de las patatas denominada como tizón tardío (causada por el oomiceto

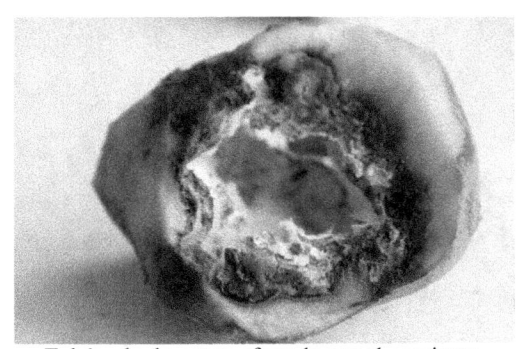

Tubérculo de patata afectado por el oomiceto
Phytophthora infestans

Phytophthora infestans), que primero se manifiesta como unas manchas oscuras en las hojas y termina con la destrucción total de los tubérculos, al pudrirse por infecciones bacterianas secundarias. Es fácil imaginar la situación de estos campesinos en esos años: pérdida total de su única fuente de alimento, pues debían ceder todo su trigo a los ingleses y las patatas eran totalmente destruidas por la enfermedad. La enorme hambruna a la que se enfrentaron provocó numerosas muertes y desplazamientos de población hacia el continente americano, además, marcó una línea divisoria en la historia de Irlanda, alimentando diversos movimientos nacionalistas futuros.

Cornezuelo del centeno (*Claviceps purpurea*)

Otro caso muy curioso dentro de la fitopatología es el del cornezuelo del centeno, enfermedad producida por el hongo *Claviceps purpurea*, que se caracteriza por el crecimiento de una estructura en forma de clavo curvado en los granos del centeno, aún en la espiga. Este hongo sintetiza y acumula una serie de compuestos alcaloides fisológicamente muy activos en nuestro cuerpo, como vasoconstrictores y a nivel de neurotransmisión. Por ello, era utilizado por diferentes culturas en la antigüedad para inducir abortos y evitar las hemorragias del útero después del parto. Uno de estos compuestos le llevó a Hofmann hacia el descubrimiento de la dietilamida del ácido lisérgico, potente alucinógeno conocido como LSD.

La fabricación de harinas con centenos infectados con este hongo provocaba en sus consumidores diferentes envenenamientos, muy comunes en la Europa de la Edad Media. Muchos de estos casos fueron confundidos por las instituciones religiosas del momento como casos de brujería, debido a las alucinaciones que causaba, denominándose a la enfermedad como "fuego sagrado" o "fuego de San Antón", que posteriormente derivaba en la necrosis de los tejidos de las extremidades al dejar de llegar sangre por los procesos de vasocontricción.

La fitopatología ha sido una ciencia muy importante en el pasado, lo es en el presente y lo será en el futuro, pues sin ser capaces de identificar los agentes causantes de las enfermedades vegetales y conocer su biología, jamás podremos controlarlos y estaremos expuestos a crisis alimentarias como las ya vividas en nuestra historia.

Referencias bibliográficas y más información:

Hulvová, H., Galuszka, P., Frébortová, J., & Frébort, I. (2013). Parasitic fungus Claviceps as a source for biotechnological production of ergot alkaloids. *Biotechnology advances*, *31*(1), 79-89.

Peterson, P. D., Nelson, S. C., & Scholthof, K. B. G. (2017). A Beacon for Applied Plant Pathology: The Origins of Plant Disease. *Plant Disease*, PDIS-06.

Schoina, C., & Govers, F. (2015). The oomycete Phytophthora infestans, the Irish Potato Famine pathogen. In *Principles of Plant-Microbe Interactions* (pp. 371-378). Springer International Publishing.

Volcy, C. (2007). Historia de los conceptos de causa y enfermedad: paralelismo entre la Medicina y la Fitopatología. *Iatreia*, *20*(4).

Yoshida, K., Schuenemann, V. J., Cano, L. M., Pais, M., Mishra, B., Sharma, R., ... & Thines, M. (2013). The rise and fall of the Phytophthora infestans lineage that triggered the Irish potato famine. *Elife*, *2*, e00731.

Young, C. A., Schardl, C. L., Panaccione, D. G., Florea, S., Takach, J. E., Charlton, N. D., ... & Jaromczyk, J. (2015). Genetics, genomics and evolution of ergot alkaloid diversity. *Toxins*, *7*(4), 1273-1302.

* Todas las fotografías han sido extraídas de la plataforma *Wikimedia Commons*.

* Capítulo basado en una publicación original en *DiarioE*.

Ronchas en el trigo

El trigo representa la base de la alimentación de una gran parte de la población mundial. Su productividad en el sistema agrícola está fuertemente influenciada por las condiciones ambientales y las enfermedades, dentro de las cuales destacan como agentes causantes los hongos. Uno de ellos lo encontramos representado por *Puccinia graminis*, el hongo causante de la roya de los cereales.

Esta enfermedad se caracteriza por la presencia de pústulas anaranjadas en los tallos y hojas verdes del cereal, donde se acumulan las esporas del

La roya del trigo causada por el hongo *Puccinia graminis*

hongo a la espera de que el viento, el aire o cualquier otro vehículo disemine la enfermedad a otras plantas. Los cereales afectados producen menor número de semillas y de menor peso, pero si las condiciones son las propicias para el desarrollo del hongo puede llegar a matar a la planta fácilmente. Ha infectado los pastos formados por gramíneas silvestres desde hace millones de años y lleva ligado a la historia del hombre desde que este comenzó a cultivar cereales.

Margaret Newton

La fitopatóloga canadiense Margaret Newton (1887-1971) dedicó su vida al estudio de este hongo y como afecta al cultivo del trigo, razones por las cuales fue la segunda mujer en entrar a formar parte de la Royal Society of Canada y la primera en recibir la medalla Flavelle, siendo nombrada como Persona de Importancia Histórica Nacional por el gobierno de su país, en el año 1997.

La primera parte de su carrera investigadora la centró en identificar fisiológicamente las diferentes razas existentes del patógeno, que afectan a diferentes cultivos de cereales, determinando su estructura genética, fisiología, origen y ciclo de vida. Además, describió los factores ambientales que favorecen la aparición de la enfermedad en el campo.

Mientras que la segunda parte la centró en asentrar las bases para el desarrollo de trigos resistentes a la roya. Sus aportaciones fueron económicamente muy significativas para el mundo entero, logrando que en Canadá se redujese un problema que causaba pérdidas millonarias anualmente a ser prácticamente inexistente.

En el año 1945 tuvo que dejar la investigación por los problemas respiratorios que la exposición continuada a las esporas del hongo le había causado. En ese momento, los agricultores canadienses le pidieron a su gobierno que le concediera una pensión vitalicia a la investigadora, debido a los millones de dólares que había salvado en su país.

Referencias bibliográficas y más información:

Kolmer, J. A. (2008). Margaret Newton (1887-1971): pioneering cereal rust researcher. *Pioneering women in plant pathology/edited by Jean Beagle Ristaino.*

McCallum, B. (2006). Margaret Newton (1887–1971). *Canadian Journal of Plant Pathology.* 28.

* La primera fotografía ha sido extraída de la plataforma *Wikimedia Commons*, mientras que la de la investigadora ha sido sacada de la primera referencia bibliográfica (Kolmer, 2008).

* Capítulo basado en una publicación original en *Papel de periódico*.

La mujer que salvó los olmos

La grafiosis del olmo (*Ulmus* sp.) es una enfermedad fúngica que causa la muerte irremediablemente de todos los olmos que la presentan. Es causada por el hongo *Ophiostoma ulmi* (anteriormente denominado *Ceratocystis ulmi*) el cual crece en el

Olmo muerto por la grafiosis

interior del árbol, concretamente dentro de su xilema, que es el haz vascular (algo así como nuestras venas y arterias) encargado del transporte del agua desde las raíces al resto de la planta. Por lo tanto, obstruye estos conductos al provocar la formación de tilosas por parte de la planta, que van a ser abultamientos celulares con el fin de aislar al hongo, impidiendo el paso de agua y provocando irremediablemente la anulación de su actividad fotosintética y su muerte. Una vez el hongo ha matado al árbol ya comienza a colonizar otras partes de su tronco más ricas en nutrientes, como son los haces vasculares que llevan la savia elaborada, resultado de la fotosíntesis, el floema.

A esta enfermedad también se la denomina como debilitamiento de los olmos o enfermedad holandesa, ya que fue el primer lugar en el que se describió en Europa (en 1918), aunque es de origen asiático. La transmisión de esta enfermedad es normalmente llevada a cabo por escarabajos del género *Scolytus*, que ponen sus huevos en galerías que realizan dentro del tronco de los olmos, quedando impregnados sus cuerpos con las esporas que transportarán al siguiente árbol. Por esta razón, en varios países de Europa las diferentes especies de olmo presentes llegan a encontrarse en situación de peligro de extinción.

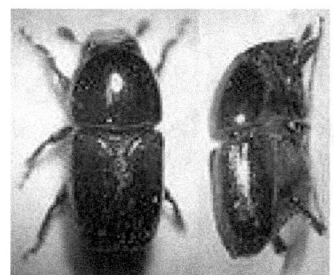

Scolyus mali

El primer síntoma de la enfermedad puede observarse con ligeros amarilleamientos en las hojas finales de las ramas, de ahí el secado se irá expandiendo por las ramas principales, hasta matar al árbol por completo. La mejor estrategia para combatir su presencia y expansión, es el desarrollo de clones resistentes mediante hibridaciones entre especies europeas y algunas asiáticas que no son afectadas por la enfermedad, o mediante la identificación y propagación de ejemplares dentro del territorio europeo que por alguna razón genética se hayan hecho resistentes.

Christine Buisman

En este sentido, Christine Buisman (1900-1936) fue una fitopatóloga holandesa que llegó a reconocerse como la mayor experta en olmos de toda Europa, dedicando gran parte de su corta vida al estudio de esta enfermedad. La primera aportación que realizó en este campo de investigación fue el desarrollo de la metodología de inoculación masiva de gran cantidad de olmos con el hongo, permitiendo la búsqueda de posibles individuos resistentes. De esta forma, proporcionó la prueba definitiva de que este hongo era el verdadero causante de la grafiosis del olmo (en 1927), algo que ya había descrito otra mujer fitopatóloga holandesa llamada Bea Schwarz, en el año 1921. Además, profundizó en el estudio y descripción del ciclo de vida del hongo en el árbol, siendo la primera persona en confirmar la presencia del hongo en Estados Unidos, en el año 1931.

En los años posteriores dedicó su vida a encontrar clones resistentes a la enfermedad mediante la metodología que ella misma había desarrollado. En 1935 llegó a seleccionar dos ejemplares franceses y uno español muy prometedores con los que comenzar los experimentos de hibridación. Tristemente falleció en marzo de 1936, debido a una infección, tras su sometimiento a una operación ginecológica.

Pero Buisman ya había fijado las bases para la obtención de clones europeos resistentes a la enfermedad, y en 1937 sus compañeros desarrollaron el primer clon capaz de combatir la grafiosis del olmo, al cual le dieron el nombre de "Christine Buisman", en su honor.

Referencias bibliográficas y más información:

Anderbrant, O., Yuvaraj, J. K., Martin, J. A., Gil, L., & Witzell, J. (2017). Feeding by Scolytus bark beetles to test for differently susceptible elm varieties. *Journal of Applied Entomology*, *141*(5), 417-420.

Brasier, C. M. (2016). Ophiostoma ulmi, cause of Dutch elm disease. *Genetics of Plant Pathogens, Advances in Plant Pathology*, *6*, 207-223.

Holmes, F. W. (1993). Seven Dutch women scientists whose early research is basic to our knowledge of the "Dutch elm disease". *Dutch Elm Disease Research: Cellular and Molecular Approaches, Sticklen and Sherald Eds., Springer-Verlag, New York*, 9-15.

Jernelöv, A. (2017). Dutch Elm Disease in Europe and North America. In *The Long-Term Fate of Invasive Species* (pp. 161-176). Springer International Publishing.

Sanchez, G., Alfonso, L., Gonzalez Doncel, I., Collada Collada, M. C., Garcia Viñas, J. I., Martin Garcia, J. A., ... & León, D. (2016). Los Olmos empiezan a recuperar sus territorios. *Quercus Revista de Estudio y Defensa de la Naturaleza*, *361*, 54-61.

Westerdijk, J., & Buisman, C. (1929). The Elm disease. Report on the investigation conducted at the request of the Dutch Moorland Society. *The Elm disease. Report on the investigation conducted at the request of the Dutch Moorland Society.*

* Todas las fotografías han sido extraídas de la plataforma *Wikimedia Commons*.

* Capítulo basado en una publicación original en *DiarioE*.

¿Existen los tumores vegetales?

En el mundo vegetal podemos encontrar, al igual que en el animal, hormonas con funciones fisiológicas determinadas, como pueden ser la defensa de la planta, la tolerancia a estreses ambientales o el crecimiento y desarrollo. En este sentido, las dos principales hormonas relacionadas con el crecimiento vegetal son las auxinas y las citoquininas, de cuyas concentraciones en tejidos concretos de la planta va a depender su correcto aumento de tamaño.

En algunos casos, los balances equilibrados de estas fitohormonas se ven modificados como consecuencia del ataque de algún organismo patógeno o plaga, en ese momento se produce el crecimiento desmesurado de algún tejido vegetal formando tumores o agallas. Esto es debido a una descontrolada división y aumento de volumen celular, como consecuencia de la acción dirigida de estos organismos, que incluyen, virus, bacterias, hongos, nematodos, insectos y ácaros, pero pueden incluso formarse por simplemente el roce continuado de dos hojas entre sí por la acción del viento.

En el caso de las bacterias, el tumor vegetal más conocido es el formado por *Agrobacterium tumefaciens* en el cuello de las plantas (entre el tallo y las raíces), denominados como agallas en corona. Una vez la bacteria penetra en los tejidos vegetales, a través de heridas o aberturas naturales, infecta sus células mediante la introducción de un pequeño fragmento de su material genético, que es integrado en el propio genoma vegetal. Esto provoca que las células infectadas comiencen a producir auxinas y citoquininas de forma muy elevada, causando su crecimiento y división descontrolada. A parte de genes que codifican para la síntesis de estas hormonas, el pequeño fragmento genético bacteriano también presenta otros genes que le van a obligar a la planta a que sintetice unos aminoácidos específicos para alimentar a las bacterias.

Este tipo de infección bacteriana es utilizada en biotecnología vegetal para la transformación de gran cantidad de cultivos, ya que introduciendo un gen de interés en la bacteria lograremos que de forma totalmente natural ella misma lo introduzca en el genoma de la planta. Pero existen otras bacterias formadoras de tumores vegetales, como es el caso de

Tuberculosis del olivo provocada por la bacteria *Pseudomonas savastanoi*

Pseudomonas savastanoi, microorganismo causante de la tuberculosis del olivo, caracterizado por la gran cantidad de tumores que presentan las ramas del árbol. Una forma muy curiosa en la que es transmitida esta bacteria es mediante los excrementos de pequeñas moscas (la mosca del olivo o *Bactrocera oleae*) al alimentarse de los exudados bacterianos que producen los árboles infectados.

También hay hongos capaces de formar estas deformaciones tumorales en las plantas, este el caso de *Taphrina deformans*, causante de la abolladura o lepra

Deformación foliar causada por el hongo *Taphrina deformans* en hojas de melocotonero

de las hojas de árboles del género *Prunus*, como almendros, melocotoneros o cerezos, caracterizada por abultamientos foliares de colores rojizos.

Pero aún más extendido es el caso de los nematodos formadores de agallas o tumores en las raíces de las plantas, por individuos del género *Meloidogyne*. Estos nematodos afectan a gran cantidad de cultivos diferentes por todo el

Agallas radiculares formadas por el nematodo *Meloidogyne incognita* en planta de tomate

mundo. En primer lugar, el nematodo penetra en las raíces hasta el haz vascular de la planta (conductos que transportan el agua y los productos de la fotosíntesis), en ese momento elige una célula concreta, en la cual introduce su estilete. A partir de ahí, los compuestos de su saliva harán que esa célula se transforme en las denominadas como "células gigantes" ya que crecen de forma desmesurada aumentando su metabolismo y número de núcleos, pero sin llegar a dividirse. De esta forma, el nematodo ha formado para sí mismo una fuente inagotable de alimento. El crecimiento desmesurado de estas células gigantes provoca cambios metabólicos y fisiológicos en las células cercanas, que empiezan a crecer y dividirse, formando la agalla.

Por último, hablar de las agallas formadas por los insectos y ácaros, en cuyo caso todos tenemos en mente las típicas formaciones esféricas en las ramas de los robles, que mucha gente puede confundir con el fruto de este árbol (el fruto son las bellotas), pero realmente son tumores vegetales causados por pequeñas avispas llamadas cinípidos, como por ejemplo *Andricus kollari*. Pero no sólo existen agallas en robles, sino que la variedad de insectos y ácaros formadores de estas estructuras, y plantas a las que afectan, es muy grande. Destacan la erinosis y la filoxera de la vid, caracterizadas por la formación de tumores en las hojas por ácaros y pulgones, respectivamente; o la falsa potra de las crucíferas, escarabajo que forma tumores en el cuello de coles y nabos, en cuyo interior viven sus larvas.

Agallas formadas por la avispilla *Andricus kollari* sobre rama de roble

Estos pequeños animales controlan totalmente la formación del tumor, pues mediante picaduras o mordeduras controladas van regulando la acumulación de auxinas en los tejidos vegetales, haciendo, de esta forma, que la planta crezca cubriendo al animal y dándole alimento, refugio y protección.

Diferentes organismos han aprendido a causar tumores en las plantas para beneficiarse en la obtención de alimento y refugio. Profundizar en el entendimiento de estos procesos puede ser muy beneficioso para el desarrollo de nuevas herramientas biotecnológicas, como es el caso de la bacteria *Agrobacterium tumefaciens*.

Referencias bibliográficas y más información:

Braun, A. C. (1954). The physiology of plant tumors. *Annual Review of Plant Physiology*, 5(1), 133-162.

Gohlke, J., & Deeken, R. (2014). Plant responses to Agrobacterium tumefaciens and crown gall development. *Frontiers in plant science*, 5.

Kahl, G., & Schell, J. S. (Eds.). (2014). *Molecular biology of plant tumors*. Academic press.

Kant, U., & Patni, V. (2009). *In vivo* and *in vitro* studies on plant tumors. *Plan Tissue Culture and Molecular Markers. Their Role in Improving Crop Productivity*. New Delhi, India, 67-72.

* Todas las fotografías han sido extraídas de la plataforma *Wikimedia Commons*.

* Capítulo basado en una publicación original en *AcercaCiencia*.

La batalla silenciosa de las plantas

Las plantas son organismos sésiles y, por lo tanto, no tienen la capacidad de huir o defenderse con movimientos bruscos del ataque de insectos y otros herbívoros, que pretendan consumirlas. Aunque sí que pueden realizar algunos "movimientos" denominados tropismos, como puede ser el crecimiento del tallo en dirección a la luz y de las raíces hacia el interior del suelo y las fuentes de agua, o las nastias, cuyo ejemplo lo podemos encontrar en los girasoles, que se mueven durante el día siguiendo al Sol y vuelven a su posición inicial durante la noche, a la espera de un nuevo amanecer. Además, no pueden defenderse de una infección causada por hongos o bacterias mediante la ingesta de medicamentos, como antibióticos. A pesar de ello, las plantas sobreviven a sus enemigos naturales, y eso es debido a sofisticados sistemas defensivos cuya complejidad la ciencia intenta comprender día tras día.

El primer sistema defensivo que nos encontramos en las plantas es aquel que tienen de forma constitutiva y generalizada, y no requiere reconocer la presencia del enemigo para que funcione y sea efectivo. Este va a incluir estructuras de defensa y compuesto químicos. Como estructuras de este tipo las más comunes son las espinas, capaces de disuadir el ataque de gran cantidad de herbívoros vertebrados, y que no sólo podemos encontrar en los cactus o el tallo de las rosas, sino que hojas como las de la encina o el acebo se defienden de ser consumidas presentando dichas formaciones, cuya densidad por superficie de hoja va disminuyendo cuanto más nos alejamos del suelo. Frente a la infección por patógenos lo que va a intentar la planta es dificultar físicamente la penetración al interior vegetal, acumulando, por ejemplo, ceras en su superficie o engrosando su cutícula.

Hoja de acebo
(*Ilex aquifolium*)

Pelos urticantes de tallo de ortiga
(*Urtica* sp.)

En el campo de los químicos, la planta es capaz de acumular de forma constitutiva diferentes compuestos con el fin de hacerlas menos atractivas para el consumidor o directamente dañarlo. Un ejemplo de esto último podríamos encontrarlo en los glucosinolatos acumulados por especies dentro del género

Brassica (colza, mostaza, coliflor, brócoli, nabo, etc.) que son tóxicos para los herbívoros que los consumen, llegando a provocar graves efectos, e impiden el ataque de diversos hongos. A su vez, la planta puede combinar ambas estrategias defensivas, como ocurre en el caso de las ortigas, que presentan pequeñas agujas que se clavan en la piel y liberan su contenido interno (ácido fórmico e histamina, principalmente), lo que provoca la formación de ronchas, escozor intenso y picor.

Si sus enemigos atraviesan estas primeras barreras defensivas comienza una lucha molecular entre ambos individuos, pues la planta ya comienza a buscar un modo específico para defenderse del organismo en cuestión que le esté atacando y, para ello, sus receptores celulares deben identificarlo. En el caso de un insecto, por ejemplo, las células pueden reconocer una molécula en cuestión presente en su saliva, pero en el caso de microorganismos lo que ocurre, de forma general, es que las células vegetales son capaces de reconocer moléculas presentes en sus paredes y membranas celulares, de una forma similar a como nuestro sistema inmunitario reconocería la presencia de un patógeno en nuestro cuerpo.

En el caso de la defensa específica contra insectos, una vez reconocida su presencia y ataque, comienza todo un sistema de señalización celular y sistémico (por toda la planta) mediado principalmente por una hormona denominada ácido jasmónico. En respuesta a esto, la planta acumula en la zona atacada moléculas como inhibidores de proteasas, que dificultan la digestión del animal. Además, la planta emite al aire una serie de compuestos volátiles que atraen a enemigos naturales del insecto atacante, diferentes depredadores y/o parasitoides, como las avispas.

Mariquita depredadora de pulgones (*Coccinella septempunctata*)

Por otro lado, la defensa contra microorganismos incluye en la ecuación otra hormona de defensa, el ácido salicílico (conocido por estar presente en las aspirinas), además del jasmónico. En este sentido, ocurre también una señalización a nivel celular y sistémica. La primera de ellas va a intentar que el patógeno no avance con la infección y, para ello, la planta acumula compuestos de endurecimiento, como la calosa, o le indica a las células cercanas al patógeno que se suiciden para que no tenga de que alimentarse; es más importante la supervivencia del organismo completo que la de una parte del mismo. E incluso si llega a penetrar los haces vasculares (de alguna forma, como nuestras venas y arterias) la planta es capaz de bloquearlos aumentando el tamaño de sus células, aislando al patógeno, son las denominadas como tilosas. Además, sintetizan sustancias antimicrobianas muy efectivas contra estos patógenos, como las fitoalexinas. Pero no sólo eso, de forma similar a lo que ocurre con los insectos, las plantas van a ser capaces de emitir compuestos volátiles, que van a avisar, no sólo a partes alejadas de la misma planta, sino a otras plantas, de la presencia de un determinado patógeno, preparándolas defensivamente para la posibilidad de un ataque inminente.

Referencias bibliográficas y más información:

Cruz-Borruel, M., Hernández-Fundora, Y., & Rivas-Figueredo, E. (2006). Mecanismos de resistencia de las plantas al ataque de patógenos y plagas. *Temas de Ciencia y Tecnología, 10*(29), 44-54.

García Mateos, R., & Pérez Leal, R. (2003). Fitoalexinas: mecanismo de defensa de las plantas. *Revista Chapingo. Serie ciencias forestales y del ambiente, 9*(1).

Madriz Ordeñaña, K. (2002). Mecanismos de defensa en las interacciones planta-patógeno.

Vivanco, J. M., Cosio, E., Loyola-Vargas, V. M., & Flores, H. E. (2005). Mecanismos químicos de defensa en las plantas. *Investigación y ciencia, 341*(2), 68-75.

* Todas las fotografías han sido extraídas de la plataforma *Wikimedia Commons*.

* Capítulo basado en una publicación original en *DiarioE*.

El "WhatsApp" de las plantas

Las plantas son organismos sésiles y, por lo tanto, no pueden desplazarse de un lugar a otro, y deben nacer y morir exactamente en el mismo lugar en el que cayó la semilla que las originó (a excepción de que sean transportadas por situaciones ajenas). A pesar de ello, las plantas son víctimas de otros organismos que quieran alimentarse de ellas, o de condiciones ambientales adversas. En este sentido, deben tener la capacidad de defenderse de estos patógenos y herbívoros, además de tolerar los cambios físico-químicos que ocurran a su alrededor.

Escarabajo de la patata (*Leptinotarsa decemlineata*) alimentándose de sus hojas

En situaciones normales, las plantas presentan una serie de defensas frente a otros organismos de forma constitutiva y generalizada, físicas, como espinas o

Espinas en rama de zarzamora

ceras cubriendo su superficie, y químicas, como glucosinolatos en las crucíferas, compuestos tóxicos para herbívoros y/o con actividad antimicrobiana contra patógenos. Mientras que frente a condiciones ambientales adversas la planta presenta otras estrategias de forma continua, como la acumulación de agua en tejidos de reserva, en los cactus, o raíces capaces de captar agua con concentraciones elevadas de sal, en los manglares.

Además de todas estas estrategias, las plantas tienen la capacidad de activar una serie de mecanismos específicos, una vez reconocen a un patógeno en particular o disminuye el agua disponible, por ejemplo. En ese momento comienzan a activar diferentes genes relacionados con diversas rutas hormonales y metabólicas que terminaran con la síntesis y acumulación por toda la planta de compuestos específicos para cada una de las situaciones. Por ejemplo, pueden sintetizar compuestos antimicrobianos como fitoalexinas o diferentes inhibidores que bloquean el metabolismo de los insectos. También pueden activar transportadores de membrana, compuestos antioxidantes o proteger sus proteínas frente a situaciones de sequía, exceso de temperatura o salinidad.

Pero lo realmente curioso es la capacidad que tienen todas las plantas para comunicarle a sus vecinas que están sufriendo el ataque de un insecto, o que se está acabando el agua en su zona. Esta comunicación le permite al resto de plantas pre-activar todas las respuestas defensivas y de tolerancia frente a la situación que su compañera ha percibido, respondiendo de una forma muchísimo más rápida y efectiva, disminuyendo enormemente el daño que pudiera producir.

A esta comunicación podríamos denominarla como el "WhatsApp" de los vegetales, basada en la emisión de una serie de compuestos volátiles por la planta estresada, los cuales son percibidos por sus vecinas, pudiendo estas a su vez emitir dichos compuestos para avisar a otras compañeras.

Estos volátiles incluyen compuestos de muy diferente tipo y origen, como terpenos, derivados de ácidos grasos, bencenoides y fenilpropanoides. Pero, por lo que se refiere a volátiles específicos de activación de respuestas defensivas, destacan, sin lugar a duda, el jasmonato de metilo, el etileno y el salicilato de metilo. El jasmonato de metilo es un compuesto volátil derivado de la hormona vegetal ácido jasmónico, que es emitido por las plantas cuando son atacadas por herbívoros. La percepción de este volátil por otras plantas provoca la activación de sus respuestas defensivas frente a herbívoros, la liberación de más jasmonato de metilo e incluso la liberación también de etileno, otra fitohormona relacionada con la respuesta de las plantas frente a situaciones ambientales adversas. Por otro lado, el salicilato de metilo, es un compuesto volátil que proviene de otra hormona vegetal de defensa diferente, el ácido salicílico, relacionado con las respuestas defensivas vegetales frente a patógenos.

Además, dentro de estos compuestos debemos incluir otros volátiles que también emiten las plantas, no para avisar a sus compañeras, sino para atraer a depredadores y parasitoides de insectos que se estén alimentando de ellas, como otros insectos, arañas, pájaros o lagartos. De la misma forma en que sus flores emiten aromas que atraen a diferentes polinizadores.

Referencias bibliográficas y más información:

Blande, J. D., & Glinwood, R. (Eds.). (2016). *Deciphering Chemical Language of Plant Communication*. Springer.

* Todas las fotografías han sido extraídas de la plataforma *Wikimedia Commons*.

* Capítulo basado en una publicación original en *Papel de periódico*.

¿Cuántos sentidos tiene una planta?

En los últimos años, la vieja idea enseñada en las escuelas referida a que los seres humanos tenemos cinco sentidos está cada vez más desechada. Por supuesto somos capaces de oler, oír, tocar, ver y saborear, pero estos sentidos deben subdividirse a su vez en otros, como pueden ser la percepción de la luz y de los colores o los diferentes sabores. E incluir otros sentidos como el equilibrio, la capacidad de sentir el funcionamiento de los órganos internos, la termocepción, la nocicepción o percepción del dolor, e incluso la capacidad de ser conscientes de las variaciones de azúcar en sangre, hasta un total de unos 26 sentidos en los seres humanos.

En el caso de las plantas, aunque su historia evolutiva ha sido totalmente diferente a la de los animales, podemos encontrar en ellas numerosos sentidos, algunos de los cuales muy similares a los de humanos. Las plantas han centrado su evolución en ser autosuficientes y fabricar por sí mismas su propio alimento, gracias al proceso de la fotosíntesis, a partir de agua, dióxido de carbono y energía lumínica. Por otro lado, los animales se han basado simplemente en consumir a otros organismos para alimentarse, ya sea plantas u otros animales. Por ello, los sentidos de ambos grupos deben ser entendidos de forma diferente.

Por lo que se refiere a la vista, está claro que las plantas no tienen ojos, pero pueden y deben percibir la luz mediante otros mecanismos, pues la necesitan para vivir. Gracias a unas moléculas fotorreceptoras repartidas por toda su superficie, aunque mucho más concentradas en las hojas, son capaces de percibir no sólo la intensidad lumínica sino también su calidad, pues reconocen los diferentes tipos de luz y su longitud de onda. De esta forma, son capaces de crecer en dirección a ese estímulo lumínico que más les beneficia, por ejemplo, mediante la utilización de zarcillos que les permita "escalar" en altura, o de girar completamente según se va moviendo el sol, como ocurre con los girasoles, e incluso les sirve para que las raíces sepan donde está el suelo y donde está la superficie.

Campo de girasoles

Zarcillo

En la percepción del sonido por parte de las plantas, seguramente nos venga a la cabeza la típica idea de que si se les habla crecen mejor. Esto no es totalmente real, pero tampoco es totalmente incierto. En Italia, ya existen varias explotaciones vitivinícolas que emiten conciertos de Mozart en sus campos, obteniendo unos rendimientos significativamente mayores que sin el estímulo musical. En este sentido, está plenamente descrito y conocido que las plantas tienen la capacidad de captar las vibraciones de su entorno, pues les sirve, desde para ser conscientes de que se acerca un herbívoro, hasta para que las raíces crezcan por el suelo hacia las corrientes de agua. Pero ¿realmente Mozart aumenta los rendimientos agrícolas?, lo único que puede afirmarse es que determinadas frecuencias de sonidos (entre 100 y 500 Hz) favorecen el crecimiento y correcto desarrollo de las plantas, y que por encima de estas frecuencias los efectos son perjudiciales, pero aún se desconoce a qué se deben estas respuestas.

En lo concerniente al tacto, las plantas presentan su propia epidermis y es en ese lugar donde son capaces de captar cualquier tipo de objeto que entre en contacto con ellas. Por ejemplo, las hojas de la acacia mimosa se cierran en cuanto les roza cualquier objeto, como método defensivo frente a ser consumidas por los herbívoros. Y las raíces perciben la presencia en el suelo de diferentes obstáculos, como pueden ser piedras, rodeándolas.

Hoja de acacia

A parte de emitir olores, también son capaces de percibirlos, gracias a una gran diversidad de receptores celulares que captan los compuestos orgánicos volátiles. Estos compuestos avisan a la planta de alguna de las situaciones que ocurren a su alrededor, como puede ser la presencia de plagas y/o patógenos, e incluso pueden avisarse entre ellas de la presencia del enemigo emitiendo ellas mismas diferentes volátiles que avisen a sus compañeras.

En el caso del gusto, la cosa es más compleja y este sentido se relaciona directamente con la capacidad que tienen sus raíces para estar constantemente captando los elementos químicos presentes en el suelo, que son necesarios para su crecimiento y desarrollo (principalmente nitrógeno, fósforo y potasio) haciendo, de esta forma, que sus raíces crezcan en aquellas direcciones en las cuales hay más y mejores nutrientes.

El resto de sentidos están representados por multitud de procesos y mecanismos, por citar alguno, la capacidad de sentir las diferencias de humedad, haciendo crecer las raíces hacia unas u otras direcciones, la percepción de la presencia de compuestos contaminantes perjudiciales tanto en el suelo, como en las aguas y el aire, o su capacidad de situarse gravitacionalmente y en conjunción con los campos electromagnéticos, sabiendo así que las raíces están creciendo correctamente hacia el interior del suelo y el tallo lo hace en dirección contraria, hacia el Sol. De esta forma, se han descrito entre 15 y 20 sentidos en las plantas, dependiendo de como los describa y agrupe el autor.

Referencias bibliográficas y más información:

Baluška, F., & Mancuso, S. (2016). Vision in plants via plant-specific ocelli?. *Trends in plant science*, *21*(9), 727-730.

Hamant, O., & Moulia, B. (2016). How do plants read their own shapes?. *New Phytologist*, *212*(2), 333-337.

Karban, R. (2017). Plant communication increases heterogeneity in plant phenotypes and herbivore movement. *Functional Ecology*, *31*(5), 990-991.

Maher, C. (2017). *Plant Minds: A Philosophical Defense*. Taylor & Francis.

Mancuso, S., & Viola, A. (2015). *Sensibilidad e inteligencia en el mundo vegetal*. Galaxia Gutenberg.

Zhu, J. K. (2016). Abiotic stress signaling and responses in plants. *Cell*, *167*(2), 313-324.

* Todas las fotografías han sido extraídas de la plataforma *Wikimedia Commons*.

* Capítulo basado en una publicación original en *Naukas*.

El maíz Bt: un transgénico "español"

Zea mays es el nombre científico con el que se denomina al maíz que todos conocemos. Esta planta es el resultado de un proceso de domesticación y transformación durante muchos años de una gramínea denominada teosinte. Su origen se encuentra en Centroamérica y fue traído a Europa por los colonizadores españoles, siendo, a día de hoy, el cereal con mayor producción anual a nivel mundial.

Polilla adulta de *Sesamia nonagrioides*   Oruga de *Ostrinia nubilalis*

Es España, existen dos especies de lepidópteros (mariposas y polillas) que son plaga de estos cultivos y que se denominan como taladros del maíz (*Sesamina nonagrioides* y *Ostrinia nubilalis*). El daño es producido por las orugas de estas mariposas, las cuales se alimentan en el interior del tallo de los maíces formando extensas galerías que debilitan las plantas y facilitan que se partan al soplar vientos fuertes.

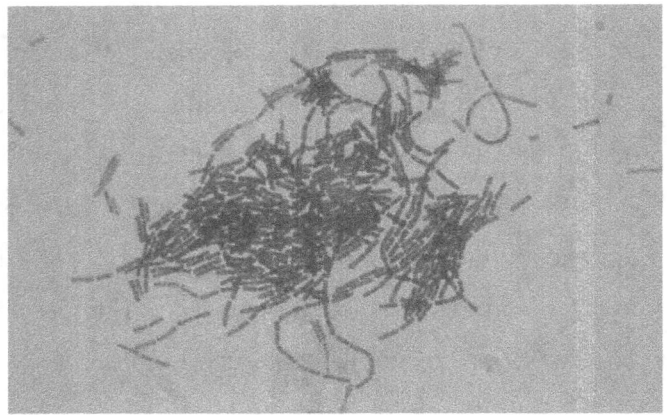

Bacillus thuringiensis

En este sentido, existe una bacteria denominada *Bacillus thuringiensis* (Bt) con una gran capacidad patógena de insectos. La toxicidad de estos microorganismos es debido a la presencia en su membrana de unas proteínas cristalinas denominadas como Cry. Una vez que el insecto consume estas proteínas, se van a activar en su intestino, formando poros y rupturas celulares a lo largo del mismo, y provocando la muerte del insecto al extenderse por todo su cuerpo.

Partiendo de esta bacteria, se pensó en la posibilidad de crear una planta transgénica que consiguiera acumular estas proteínas asesinas de insectos plaga en sus órganos (hojas, frutos, raíces, etc). La primera planta que se consiguió transformar con el gen *cry* de esta bacteria, haciéndola resistente al ataque de insectos en sus hojas, fue la de tabaco, en el año 1985. Posteriormente, se consiguió la síntesis y acumulación de estas toxinas bacterianas en otros cultivos de gran interés económico, consiguiéndolo para el caso del maíz, en el año 1993. A este cultivo transgénico se le denominó a partir de entonces maíz Bt, y tuvo tal eficacia en el control de plagas de insectos que se aprobó su uso en la Unión Europea ("anti-transgénicos") en el año 1998.

Por lo que se refiere a España, representa el único país de toda la Unión Europea donde este cultivo transgénico se ha explotado a gran escala desde su aprobación, tal es, que en nuestro país se cultiva más del 90% de todo el maíz Bt de la UE. Esto es debido a la gran incidencia que ha tenido la plaga del taladro de maíz en zonas españolas durante muchos años, como el Valle del Ebro, dónde su explotación se sitúa cerca del 75% del total de maíz cultivado. En nuestro territorio, el cultivo del maíz Bt presenta numerosas ventajas frente al convencional, no sólo por su mayor productividad al eliminar la plaga del cultivo, sino también por eliminar del sistema agrícola el uso de insecticidas. Por último, es muy importante destacar que en todos estos años España no ha observado ningún problema asociado a este nuevo cultivo como, por ejemplo, desarrollo de resistencias por la plaga o afectación de otros artrópodos distintos al que se pretende eliminar, como polinizadores, todo ello debido al buen hacer de los agricultores españoles y al exhaustivo control de los organismos públicos responsables en el cumplimiento de las indicaciones correspondientes.

Referencias bibliográficas y más información:

Álvarez, L. R. (2013). 15 años de cultivo de maíz Bt en España: beneficios económicos, sociales y ambientales. Funtación Antama.

Castañera, P., Farinós, G. P., Ortego, F., & Andow, D. A. (2016). Sixteen Years of Bt Maize in the EU Hotspot: Why Has Resistance Not Evolved?. PloS one, 11(5), e0154200.

Domínguez, P. C., Ortego, F., Hernández-Crespo, P., Farinós, G. P., García, R. A., Altuna, M. E., & Pons, X. (2010). El maíz Bt en España: experiencia tras 12 años de cultivo. Phytoma España: La revista profesional de sanidad vegetal, (219), 64-70.

Morse, S. (2016). What you see is news: Press reporting of Bt maize and Bt cotton between 1996 and 2015. Outlook on Agriculture, 45(3), 206-214.

Sauka, D. H., & Benintende, G. B. (2008). Bacillus thuringiensis: generalidades: Un acercamiento a su empleo en el biocontrol de insectos lepidópteros que son plagas agrícolas. Revista argentina de microbiología, 40(2), 124-140.

* Todas las fotografías han sido extraídas de la plataforma *Wikimedia Commons*.

* Capítulo basado en una publicación original en *DiarioE*.

Arroces salvavidas: la creación del arroz dorado y del púrpura

Oryza sativa es el nombre científico de una gramínea cuya semilla conforma la base de la dieta de más de la mitad de la población mundial, el arroz. Este alimento aporta principalmente al consumidor carbohidratos y representa una productividad mundial cercana a las 500 millones de toneladas anuales. El origen de su cultivo se sitúa en Asia, hace más de 8 mil años, entrando en Europa gracias a la conquista de la Península Ibérica por los árabes en el siglo VIII d.c. y llegando al continente americano a partir del siglo XVII.

Durante todos los años de historia del cultivo del arroz, se han investigado y desarrollado nuevas estrategias con el fin de aumentar su productividad y la calidad del alimento que se obtiene. En los últimos años, la biotecnología agrícola ha abierto un nuevo

Agricultor de arroz en Filipinas

abanico de posibilidades de mejora de esta gramínea, llegando a aportarle características jamás imaginadas hasta el momento.

Antes de ahondar en el desarrollo del arroz dorado, uno de los mayores avances de la biotecnología vegetal actual, debemos comprender el contexto social que propició su creación.

Como ya se ha indicado, el arroz representa la base de la alimentación de muchos países, sobre todo africanos y asiáticos, pero también sudamericanos. Esta forma de alimentación redunda en un déficit nutricional de diferentes micronutrientes, destacando la vitamina A, por falta de consumo de otros alimentos de precio superior como verduras, frutas o productos animales. Esta vitamina está implicada en numerosos procesos fisiológicos de nuestro cuerpo, como la visión, las respuestas inmunológicas, la fertilidad o el desarrollo del embrión tras la fecundación.

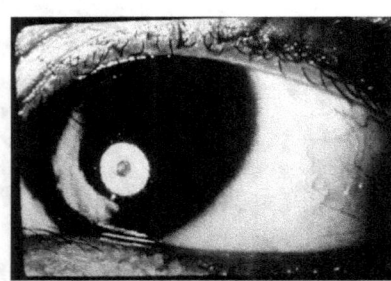
Mancha ocular causada por la carencia en vitamina A

El déficit nutricional de la vitamina A causa anualmente la muerte prematura de hasta 1 millón de niños menores de 5 años en todo el mundo, principalmente por susceptibilidad al desarrollo de enfermedades, y la ceguera de más de 250.000.

Los carotenos son compuestos con una pigmentación rojo-amarilla que podemos encontrar en gran cantidad de alimentos, como hígados, zanahorias, batatas, calabazas, melones, guisantes, huevos, leche, calabacines, etc. Una vez consumidos, el cuerpo es capaz de formar vitamina A a partir de ellos, pues son pro-vitaminas, en concreto son los beta-carotenos los más utilizados en esta síntesis. El problema es que la planta de arroz sólo acumula beta-carotenos en los tejidos verdes, y no en las semillas, que es lo que se consume a gran escala.

En este sentido, debemos ser conscientes de que no podemos obtener variedades de arroz capaces de acumular beta-carotenos en sus semillas de una forma tradicional, pues esta información no existe en su germoplasma. Por ello, se desarrolló el proyecto de biotecnología vegetal Arroz Dorado (Golden Rice), cuya finalidad fue lograr introducir mediante ingeniería genética dos genes codificantes de dos enzimas capaces de completar la ruta metabólica de síntesis y acumulación de beta-carotenos en granos de arroz, la enzima fitoeno sintetasa y la fitoeno desaturasa. El objetivo final del proyecto era proveer a los niños de la cantidad diaria necesaria de vitamina A mediante el consumo de 100-200 gramos de este nuevo arroz.

Dicho proyecto comenzó en el año 1991 por los doctores Potrykus y Beber, quienes partieron de la idea de que en los granos de arroz se acumulaba una molécula precursora de la síntesis de beta-carotenos, pero que por falta de las enzimas de la ruta metabólica no llegaba a completarse. Con el fin de completar la ruta, introdujeron en plantas de arroz los genes de las correspondientes enzimas sintetasa, de narciso, y desaturasa, de origen microbiano, obteniendo plantas que producían granos de arroz amarillentos y capaces de acumular beta-carotenos de una forma bastante significativa. Este hallazgo fue publicado en la prestigiosa revista científica *Science*, en el año 2000. En años sucesivos, sustituyendo el gen de la enzima de narciso por una de maíz, planta mucho más próxima al arroz, se consiguió un aumento 20 veces mayor en la acumulación de las pro-vitaminas.

Comparación visual del arroz dorado con el blanco

Otro proyecto muy interesante con plantas de arroz, ha sido la creación del denominado como Arroz Púrpura, en este mismo año 2017. La investigación realizada parte de la problemática de que, durante el refinado de los granos de arroz para consumo, se pierden todas las partes donde se acumulan las antocianinas (salvado, cáscara, germen), que son unos compuestos antioxidantes cuya inclusión en la dieta presenta numerosos beneficios en la reducción de enfermedades cardiovasculares, oncológicas, inflamatorias y diabéticas.

Tras identificar varios genes necesarios para la síntesis de antocianinas en diferentes variedades de arroz, el Laboratorio de Genómica Vegetal y Biotecnología Funcional de Guangzhou (China) desarrolló un sistema de transformación por ingeniería genética capaz de introducir 8 genes en un mismo evento. Gracias a esto, lograron sintetizar y acumular antocianinas en el endospermo de los granos de arroz, confiriéndoles un característico color púrpura y un altísimo valor añadido nutricional.

Referencias bibliográficas y más información:

Beyer, P., Al-Babili, S., Ye, X., Lucca, P., Schaub, P., Welsch, R., & Potrykus, I. (2002). Golden rice: Introducing the β-carotene biosynthesis pathway into rice endosperm by genetic engineering to defeat vitamin A deficiency. *The Journal of nutrition, 132*(3), 506S-510S.

Moghissi, A. A., Pei, S., & Liu, Y. (2016). Golden rice: scientific, regulatory and public information processes of a genetically modified organism. *Critical reviews in biotechnology, 36*(3), 535-541.

Wesseler, J., & Zilberman, D. (2017). Golden Rice: no progress to be seen. Do we still need it?. *Environment and Development Economics, 22*(2), 107-109.

Zhu, Q., Yu, S., Zeng, D., Liu, H., Wang, H., Yang, Z., ... & Zhao, X. (2017). Development of "Purple Endosperm Rice" by Engineering Anthocyanin Biosynthesis in the Endosperm with a High-Efficiency Transgene Stacking System. *Molecular Plant, 10*(7), 918-929.

* Todas las fotografías han sido extraídas de la plataforma *Wikimedia Commons*.

* Capítulo basado en una publicación original en *Papel de periódico*.

Cultivos con capacidad de autofertilizarse

El nitrógeno es un componente fundamental de los aminioácidos (que conforman las proteínas) y de los ácidos nucleicos (información genética) de todos los seres vivos y, por lo tanto, es fundamental para la vida. En este sentido, este compuesto representa el nutriente más importante para el crecimiento de las plantas y, por lo tanto, para la agricultura. Las plantas pueden captarlo desde el suelo en forma de amonio o nitratos, gracias a la acción de microorganismos que descomponen la materia orgánica o que son capaces de fijar el nitrógeno atmosférico. De forma artificial el hombre puede aportar nitrógeno a los suelos agrícolas mediante fertilizantes químicos, con las consecuencias y peligros medioambientales que derivan de ello.

En la atmósfera, el nitrógeno se encuentra formando moléculas de dos átomos (N_2) unidos fuertemente por tres enlaces. Solo una enzima denominada nitrogenasa es capaz de romper estos enlaces y unir el nitrógeno a hidrógeno, formando amonio (NH_4) asimilable por las raíces de las plantas. Dentro del grupo de bacterias capaces de realizar esta reacción química se encuentran dos géneros capaces de formar relaciones simbióticas con plantas, aportándoles nitrógeno y obteniendo azúcares como recompensa. Estos géneros se denominan *Rhizobium*, bacterias formadoras de nódulos en leguminosas, y *Frankia*, bacterias filamentosas formadoras de nódulos en plantas actinorrícicas leñosas, como los alisos.

Nódulos radiculares formados por *Rhizobium* sp. sobre *Lotus pedunculatus*

Por lo tanto, existe una amplia gama de cultivos de elevado interés agrícola y económico, como son los cereales, base de la alimentación mundial, que no son capaces de relacionarse simbióticamente con bacterias fijadoras de nitrógeno, requiriendo del aporte artificial-químico de este elemento para poder obtener buena productividad.

Con el fin de reducir la dependencia de fertilizantes nitrogenados químicos en los países desarrollados y de aumentar la productividad de estos cultivos en países en vías de desarrollo, un grupo de investigadores del Centro de Biotecnología y Genómica de Plantas (CBGP, Madrid) y del Massachussetts Institute of Technology (MIT) pretende introducir los genes de la enzima nitrogenasa en estas plantas, haciendo que sean capaces de fijar por sí mismas el nitrógeno atmosférico. Esto es algo muy complejo, pues la enzima está formada por dos subunidades y codificada por varios genes, además, la presencia de oxígeno degrada la enzima, razón por la cual nunca se pensó en que fuera funcionalmente activa en plantas, hongos o animales.

Lo que estos investigadores han conseguido es introducir 9 genes de esta enzima en el genoma de la levadura de la cerveza (*Saccharomyces cerevisiae*) y que sea capaz de formar la nitrogenasa dentro de sus mitocondrias (orgánulos responsables de la respiración celular). En ese lugar la enzima no es degradada, pero aún no han conseguido que sea completamente activa y capaz de fijar el nitrógeno atmosférico.

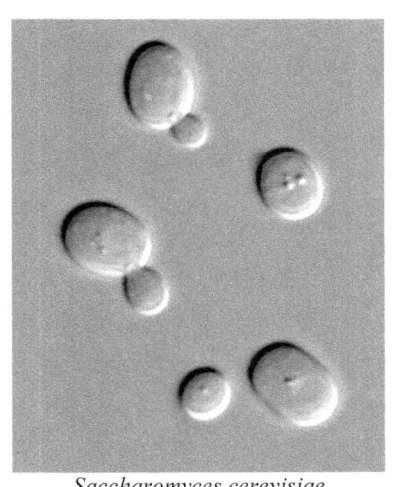

Saccharomyces cerevisiae

Esto representa un gran avance en la posible futura transformación de cereales capaces de fijar nitrógeno por sí mismos, ayudando enormemente a los pequeños agricultores de los países del África Subsahariana. Por ello, este proyecto de investigación está financiado por la Fundación Bill & Melinda Gates.

Referencias bibliográficas y más información:

Burén, S., Young, E. M., Sweeny, E. A., Lopez-Torrejón, G., Veldhuizen, M., Voigt, C. A., & Rubio, L. M. (2017). Formation of Nitrogenase NifDK tetramers in the mitochondria of Saccharomyces cerevisiae. *ACS Synthetic Biology*.

* Todas las fotografías han sido extraídas de la plataforma *Wikimedia Commons*.

* Capítulo basado en una publicación original en *Blasting News*.

¡Sin inyecciones!, vacunas comestibles

Los alimentos de origen vegetal representan la principal fuente nutritiva para el hombre, y son indispensables en su dieta. Gracias a la mejora genética convencional de los cultivos desde el origen de la agricultura, en el Neolítico, la humanidad ha conseguido suficientes alimentos para sobrevivir y crecer poblacionalmente hasta cifras totalmente exponenciales. A pesar de ello, esta tecnología presenta una serie de desventajas, al jugar un papel fundamental el azar y necesitar de periodos de tiempo muy prolongados.

Pimientos (*Capsicum annum*) de diferentes variedades

En este sentido, la biotecnología vegetal por ingeniería genética ha significado una enorme revolución en la mejora de los cultivos, ya que permite la introducción de cualquier gen de interés en la planta, sabiendo en qué lugar de su genoma está entrando y cuáles son los efectos derivados de su presencia. Para ello, es necesario la utilización de unas enzimas denominadas "de restricción", obtenidas de diferentes bacterias, y que van a cortar el ADN en lugares concretos, para que otras enzimas denominadas ligasas unan el gen que se ha cortado a otro ADN diferente. Además, se necesita de un vehículo que transporte el gen de interés al interior de la célula vegetal y hasta el genoma de ella, generalmente se utilizan plásmidos (moléculas circulares de ADN bacteriano) o virus.

Gracias a esta tecnología podemos hacer que una planta sintetice y acumule en sus órganos compuestos que jamás habría llegado a fabricar por sí misma, pues únicamente están presentes en otros organismos como hongos, bacterias, e incluso animales. Esto es lo que se denomina como utilización de plantas como biofactorías, que en realidad serían como pequeñas fábricas que sintetizan compuestos de alto valor añadido, los cuales quedan almacenados en ellas y pueden ser cosechados como el resto de cultivos.

Por ejemplo, la insulina humana es una hormona sintetizada en unas células especializadas del páncreas y encargada de regular los niveles de glucosa en sangre, por lo tanto, anomalías en su síntesis derivan en diabetes. Los tratamientos que se realizaban contra esta enfermedad se basaban en inyectar a los pacientes insulina procedente de cerdos y/o vacas, pero se producían reacciones inmunes contra esa insulina, al no ser idéntica a la humana. Para solucionar ese problema, se introdujo el gen codificante de la insulina humana en la bacteria *Escherichia coli*, haciendo que sintetizase la hormona y siendo la que actualmente se utiliza en los tratamientos de la enfermedad. Por lo que se refiere a conseguir que una planta sintetice y acumule esta hormona, ya se ha conseguido en tubérculos de patata y semillas de cártamo.

Otro caso es el del interferón humano, producido por nuestro sistema inmunitario y utilizado en el tratamiento de la hepatitis C y la leucemia mielogénica crónica (interferón alfa) o de la esclerosis múltiple (interferón beta). En la actualidad su producción ya se realiza gracias a levaduras en las cuales se introdujeron los genes de su síntesis humana, pero también se ha conseguido que plantas como arroz, lechuga, nabo o tabaco lo fabriquen por sí mismas.

Pues bien, todo lo anterior puede aplicarse perfectamente al campo de las vacunas. Fue Edward Jenner en el siglo XVIII quien desarrolló la primera vacuna de la historia, infectando a personas con la viruela de las vacas y consiguiendo su inmunización frente a la viruela humana. En este sentido, debe quedar claro que existen varios tipos de vacunas según su origen. Tenemos las vacunas con microorganismos atenuados, que son los mismos que producen la enfermedad, pero debilitados artificialmente, como por ejemplo las vacunas desarrolladas por Pasteur contra el cólera, el ántrax o la rabia. Otras vacunas se basan en los microorganismos muertos completamente (fiebre tifoidea, peste bubónica) o en simplemente utilizar pequeñas moléculas presentes en ellos (difteria, tétanos), los denominados como antígenos, que nuestro cuerpo reconoce y crea defensas específicas por si el patógeno alguna vez atacase.

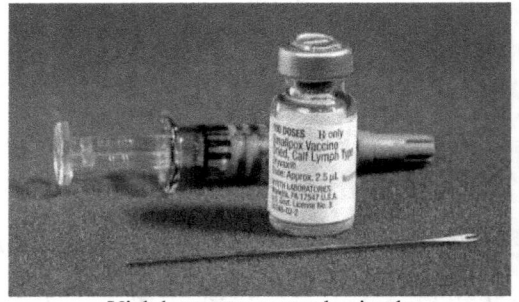

Vial de vacuna contra la viruela

Por lo tanto, si conseguimos que una planta tenga presente en el fruto que vamos a consumir ese antígeno microbiano capaz de inmunizarnos frente al patógeno, nos estaremos vacunando simplemente por consumir ese fruto.

Así nace el concepto de vacunas comestibles. Pero esto no es ciencia ficción, pues ya existen numerosos alimentos vegetales capaces de acumular estas "vacunas", como por ejemplo la vacuna contra la hepatitis B o contra el VIH en tubérculos de patata, la del sarampión en hojas de lechuga, la de la rabia en tomates o la del ántrax en espinacas.

En conclusión, esta tecnología brinda enormes posibilidades de vacunación masiva sin utilización de material sanitario especializado, pero no todo es tan fácil. También presenta una serie de problemas asociados, pues no se controla la dosis de la vacuna que cada paciente ingiere y si el vegetal es cocinado el antígeno se degrada con el calor (¡a ver quién se come una patata cruda!), además otros vegetales que pueden consumirse crudos, como el tomate, presentan gran cantidad de ácidos orgánicos que también degradan la vacuna. Problemas que conseguirán solucionarse gracias a la labor investigadora en este tema que se está desarrollando por todo el mundo.

Referencias bibliográficas y más información:

Langridge, W. H. (2000). Vacunas comestibles-Algún día los niños podrán inmunizarse masticando patatas o plátanos modificados, sin tener que sufrir el molesto pinchazo. *Investigación y Ciencia: Edición Española de Scientific American*, (290), 57-63.

Appaiahgari, M. B., Kiran, U., Ali, A., Vrati, S., & Abdin, M. Z. (2017). Plant-Based Edible Vaccines: Issues and Advantages. In *Plant Biotechnology: Principles and Applications* (pp. 329-366). Springer Singapore.

Sohrab, S. S., Suhail, M., Kamal, M. A., Husen, A., & Azhar, E. I. (2017). Edible Vaccine: Current Status and Future Perspectives. *Current drug metabolism*.

* Todas las fotografías han sido extraídas de la plataforma *Wikimedia Commons*.

* Capítulo basado en una publicación original en *Papel de periódico*.

Balmis: el médico español que luchó contra la viruela

El virus variola produce una enfermedad infecciosa grave denominada como viruela, cuya erradicación se produjo en el año 1980. La enfermedad comienza con malestar general, fiebre y dolor de cabeza, seguida de pequeñas erupciones rojas en la lengua y la boca. Posteriormente, estas llagas se abren y la erupción aparece en la cara, extendiéndose por todo el cuerpo en 24 horas, pero principalmente en cara y extremidades. En ese momento la fiebre sube de nuevo, las erupciones forman bultos, estos pústulas y después costras que, si el individuo no muere (mata al 30% de los afectados), caerán y dejarán el cuerpo cubierto de cicatrices en forma de hoyos. La transmisión de

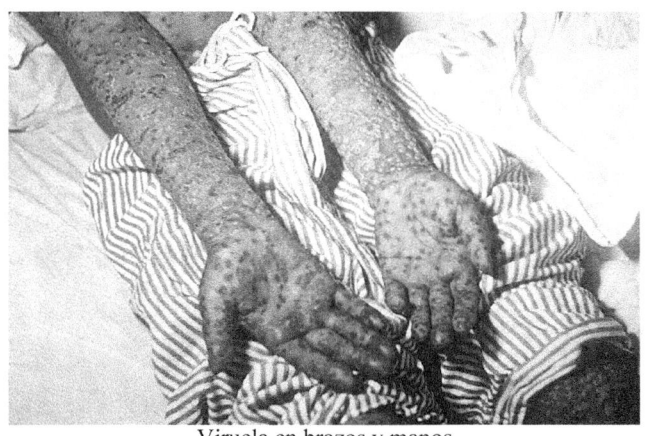

Viruela en brazos y manos

la enfermedad es por contacto directo y prolongado con fluidos corporales infectados u objetos contaminados.

Se cree que el primer caso acaecido de la enfermedad se sitúa 10.000 años a.c. Su incidencia en Europa la situó en el siglo XVIII como la enfermedad más devastadora, que mataba y desfiguraba millones de personas. Fue una de las enfermedades causantes del colapso demográfrico de las poblaciones precolombinas al entrar en contacto con los españoles. En el año 1958, el viceministro de salud de la Unión Soviética, Víctor Zhdánov, propuso en la Asamblea Mundial de la Salud la erradicación de la viruela (en ese momento afectaba a 2 millones de personas al año) por vacunación masiva. El último caso natural registrado de la enfermedad se situó en Somalia en 1977, en 1980 se consideró mundialmente erradicada, manteniéndose dos muestras del virus congelado en dos laboratorios de máxima seguridad: el Instituto VECTOR de Novosibirsk (Rusia) y el Centro de Control de enfermedades de Atlanta (Estados Unidos), pues su destrucción total no elimina la amenaza del virus, ya que desconocemos casi por completo su funcionamiento y existen cepas latentes en personas congeladas en Siberia, aún por descubrir.

El desarrollo de la vacuna contra la enfermedad comenzó con Lady Montagu en el siglo XVIII, que observó como en Turquía la gente se inmunizaba frente a la enfermedad pinchándose con agujas llenas de pus de las pústulas de la viruela de las vacas, llevando esta técnica a Inglaterra, pero no teniendo éxito entre la clase médica. Posteriormente, en 1796, el científico Edward Jenner desarrolló la primera vacuna de la historia, al inocular e inmunizar a niños con las pústulas de granjeras infectadas con la viruela bovina.

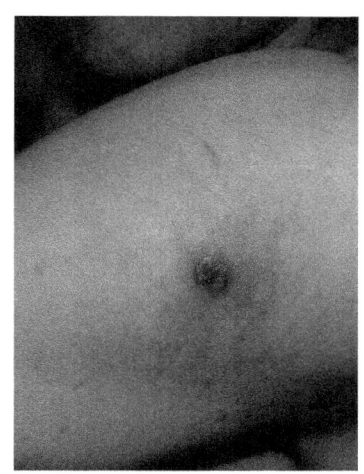
Vacunación contra la viruela

Francisco Balmis

Francisco Javier Balmis y Berenguer (1753-1819) fue un médico español, pionero en la aplicación de la vacuna desarrollada por Jenner. En el año 1803, Balmis, médico de la corte, le propone al rey Carlos IV la organización de una expedición para extender la vacuna contra la viruela, recientemente desarrollada, por todos los territorios de ultramar (América y Filipinas). Teniendo en cuenta que el rey había perdido a una de sus hijas, la infanta María Teresa, a causa de la enfermedad, aprobó el desarrollo de lo que posteriormente se consideraría el primer paso en la erradicación mundial de la enfermedad, la denominada como Real Expedición Filantrópica de la Vacuna.

Pero la idea chocaba con un problema muy grave: conseguir que la vacuna resistiera en estado funcional el largo y complicado trayecto. En este sentido, Balmis fue un genio: en el barco irían siempre un grupo de niños a las cuales durante el viaje se les iría pasando la vacuna de uno a otro cada cierto tiempo (unos 10 días), por contacto directo de heridas. De esta forma, el 30 de noviembre de 1803 partió de La Coruña el navío María Pita con 22 niños huérfanos.

En primer lugar, llevaron la vacuna a las Islas Canarias, indicando a sus habitantes como expandirla. Posteriormente, la expedición alcanzó Puerto Rico y Venezuela, donde fueron recibidos como héroes. Allí, los miembros de la expedición tuvieron que dividirse en diversas expediciones más por Colombia, Ecuador, Perú, Chile, Panamá y Guatemala, recogiendo nuevos niños por todo el territorio. Por otro lado, Balmis se dirigió hacia Cuba y Méjico, partiendo desde

Acapulco en dirección hacia Manila en 1805, con 25 niños huérfanos para su travesía por el océano Pacífico.

Ya en Filipinas, la expedición se volvió a ramificar y Balmis decidió dirigirse hacia China, pues allí aún no había llegado la vacuna y la situación era muy complicada. En octubre de 1805, Balmis llegó a la colonia portuguesa de Macao y se introdujo en territorio Chino hasta llegar a la provincia de Cantón. Posteriormente, Balmis completó su vuelta al mundo y arribó en Lisboa en agosto de 1806.

Hasta el momento, Balmis había realizado el más amplio y noble ejemplo de filantropía (RAE: amor al género humano) que podía imaginarse.

Referencias bibliográficas y más información:

Aldrete, J. A. (2004). Smallpox vaccination in the early 19th century using live carriers: the travels of Francisco Xavier de Balmis. *Southern medical journal*, *97*(4), 375-379.

Mark, C., & Rigau-Pérez, J. G. (2009). The world's first immunization campaign: the Spanish Smallpox Vaccine Expedition, 1803–1813. *Bulletin of the History of Medicine*, *83*(1), 63-94.

Riedel, S. (2005). Edward Jenner and the history of smallpox and vaccination. *Proceedings (Baylor University. Medical Center)*, *18*(1), 21.

Theves, C., Crubezy, E., & Biagini, P. (2016). History of Smallpox and Its Spread in Human Populations. *Microbiology spectrum*, *4*(4).

* Todas las fotografías han sido extraídas de la plataforma *Wikimedia Commons*.

* Capítulo basado en una publicación original en *Papel de periódico*.

No todos los héroes llevan capa: la lucha contra la polio

La polio es la denominación abreviada de una enfermedad conocida como poliomielitis, la cual afecta al sistema nervioso. Está causada por un virus del grupo de los poliovirus o enterovirus (en concreto por tres cepas diferentes) y es llamada normalmente como "infantil", debido a que las personas que contraen la enfermedad son generalmente niños de entre 4 y 15 años.

La enfermedad fue descrita por primera vez en el año 1840, diferenciándose los tres tipos de enfermedad según el daño que producen en el individuo. La polio abortiva sería aquella en la cual no se ve afectado el sistema nervioso central, mientras que, una vez llega a las neuronas, se diferencia entre polio con parálisis o no.

La transmisión del virus se produce desde individuos infectados a individuos sanos, a través de la ruta oral-oral o fecal-oral, por el consumo de alimentos o agua contaminadas, pues el virus es capaz de infectar prácticamente a toda la población humana. Una vez en el cuerpo, el virus penetra hasta el torrente sanguíneo a través de las mucosas de la faringe y del intestino. Esto deriva en su presencia por todo el cuerpo, provocando síntomas catarrales (dolor de garganta, fiebre, vómitos, dolor abdominal, catarro), siendo la polio abortiva. De forma muy rara (el 1% de los casos), el virus puede llegar a invadir el sistema nervioso central, produciendo una respuesta inflamatoria localizada en las meninges (tejido que rodea al cerebro) o meningitis. Estas personas sufrirán el denominado como síndrome postpolio, hasta 40 años después de la infección, caracterizado por atrofia y dolor muscular, junto con fatiga extrema. La peor parte de la enfermedad sólo afecta al 0,01% de las personas infectadas, denominada como parálisis aguda flácida, cuando el virus, ya en el sistema nervioso central, destruye las neuronas motoras de la médula espinal. Esto provoca parálisis, atrofia muscular y deformidad de las extremidades, llegando a ser una parálisis permanente que, si afecta al diafragma, causa la muerte del individuo.

Frente a esta enfermedad existen en la actualidad dos tipos de vacunas, la de poliovirus inactivados o muertos de Salk y la de poliovirus atenuados de Sabin. El origen del desarrollo de estas vacunas lo encontramos en la creación en 1938 de la Fundación Nacional para la Parálisis Infantil (NFIP) en Estados Unidos, basada en la atención a pacientes de polio y en la investigación científica, pues el presidente Franklin D. Roosevelt era un superviviente de la enfermedad.

Fue a partir de los años 40 cuando la investigación en la lucha contra la enfermedad alcanzó enormes avances, pues en 1948 John Enders consigue la reproducción masiva del virus en cultivos celulares, brindando la posibilidad de trabajar con grandes cantidades del agente patógeno sin necesidad de aislarlo de pacientes enfermos. Por ello, recibió en 1954 el Premio Nobel de Fisiología o Medicina.

La primera vacuna desarrollada contra la polio vino de la mano del microbiólogo Jonas Salk, denominada como vacuna inactivada (IPV), basada en la inactivación o muerte de los virus en tejido renal de mono, por tratamiento con formaldehido. La vacuna confiere inmunidad a nivel de torrente sanguíneo al ser inyectada a nivel intramuscular, lo cual no impide que las personas vacunadas, aunque no sufran la enfermedad, puedan transmitirla al no presentar inmunidad a nivel gastrointestinal. El uso de esta vacuna redujo en Estados Unidos la incidencia de la enfermedad de 20.000 casos al año en 1955 a 2.500 en 1960.

Jonas Salk

Durante estos años, el microbiólogo Albert Sabin desarrolló paralelamente otra vacuna contra la enfermedad, la vacuna viva atenuada (OPV), producida al pasar los virus por células no humanas a temperaturas inferiores a las fisiológicas (2-8ºC). Esta vacuna se administra de forma oral, provocando una inmunización a nivel de mucosas gastrointestinales, con lo que se produce una inmunización definitiva y lo que se denomina como "vacunación en manada", pues las personas que la toman pueden transmitir vía fecal-oral estos virus atenuados y vacunar indirectamente a otras personas cercanas.

Albert Sabin

Pero no todo es tan sencillo, la atenuación de estos virus es producida por mutaciones puntuales causadas en el material genético de los virus. En el propio tracto intestinal de las personas vacunadas puede darse una reversión de las mutaciones y volverse el virus virulento. Esto es lo que ocurre en uno de cada 750.000 individuos vacunados, causando la denominada como parálisis asociada a la vacuna.

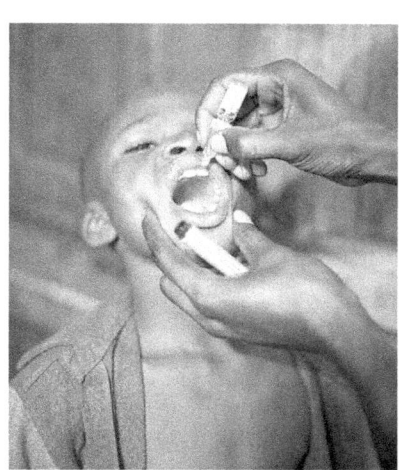
Vacunación vía oral contra la polio

A pesar de ello, la OMS comenzó en 1988 la iniciativa mundial para la erradicación de la polio, basada en la vacuna oral de Sabin, asumiendo los riesgos de su uso, pero aceptando también su mayor difusión, al ser oral y transmisible. En la actualidad sólo quedan focos endémicos de polio en Afganistán y Pakistán, prefiriendo realizar la vacunación en el resto del mundo con la vacuna intramuscular de Salk, que no presenta riesgo de parálisis asociada a la vacuna. De esta forma, en 2002 se declara a Europa zona libre de poliomielitis. En España se utiliza la vacuna de Salk dentro de la vacuna hexavalente (difteria, tétanos, tos ferina, hepatitis B, influenza B y polio), con 4 vacunaciones en los primeros dos años de vida.

Ambos investigadores podrían haberse hecho millonarios patentando sus vacunas, pero no lo hicieron (o cedieron sus derechos, como Sabin) y, sin embargo, le regalaron sus descubrimientos a la humanidad. Cuando le preguntaron a Salk por la patente de su vacuna respondió:

"No hay patente, ¿acaso se puede patentar el Sol?". De haberla patentado hubiera ganado 7 mil millones de dólares.

Referencias bibliográficas y más información:

Gomber, S., Arora, V., & Dewan, P. (2017). Vaccine associated paralytic poliomyelitis unmasking common variable immunodeficiency. *Indian pediatrics*, *54*(3), 241-242.

Jones, K. M., Balalla, S., Theadom, A., Jackman, G., & Feigin, V. L. (2017). A systematic review of the worldwide prevalence of survivors of poliomyelitis reported in 31 studies. *BMJ open*, *7*(7), e015470.

Sabin, A. B. (1985). Oral poliovirus vaccine: history of its development and use and current challenge to eliminate poliomyelitis from the world.

Salk, J. E. (1953). Studies in human subjects on active immunization against poliomyelitis. I. A preliminary report of experiments in progress. *Journal of the American Medical Association*, *151*(13), 1081-98.

Salk, J., & Salk, D. (1977). Control of influenza and poliomyelitis with killed virus vaccines. *Science*, *195*(4281), 834-847.

* Todas las fotografías han sido extraídas de la plataforma *Wikimedia Commons*.

* Capítulo basado en una publicación original en *Naukas*.

SOBRE EL AUTOR

Jorge Poveda Arias nació en Salamanca el 26 de diciembre de 1991.

Es Graduado en Biología (2009-2013) y Máster Universitario en Agrobiotecnología (2013-2014), ambos por la Universidad de Salamanca. Además, ha obtenido varios posgrados universitarios de especialización en Biotecnología Alimentaria (2014), Entomología Aplicada (2016) y Diagnóstico Molecular Ambiental (2017), junto con un Máster Europeo en Calidad y Seguridad Alimentaria (2014).

Entre sus campos de interés científico destacan la entomología, la microbiología, la fitopatología, la fisiología y biotecnología vegetal o la alimentación.

Desde 2014 realiza su labor profesional en la empresa MealFood Europe, dedicada a la cría masiva del insecto *Tenebrio molitor* con numerosas aplicaciones. A su vez, desde el año 2012 pertenece al Grupo de Investigación sobre

Fitopatología y Control Biológico del Instituto Hispano-Luso de Investigaciones Agrarias de la USAL.

Es un activo divulgador científico en numerosos medios de comunicación escrita, aparte de realizar conferencias de concienciación ciudadana sobre sus campos de interés en diferentes eventos y jornadas.

Su actividad investigadora se centra en la interacción planta-hongo y en la producción masiva de insectos con diferentes aplicaciones.

www.ingramcontent.com/pod-product-compliance
Lightning Source LLC
Chambersburg PA
CBHW071209240526
45470CB00018B/1648